Alexander Spahn

Besser in Mathematik

Gymnasium

Mit 20 S. Lösungsheft

9. Klasse

Cornelsen
SCRIPTOR

Der Autor: Alexander Spahn unterrichtet Mathematik und Physik an einem Gymnasium.

www.cornelsen.de

Bibliografische Information:
Die Deutsche Bibliothek verzeichnet diese Publikation in der Deutschen Nationalbibliografie; detaillierte bibliografische Daten sind im Internet über http://dnb.ddb.de abrufbar.

Dieser Band folgt den Regeln der deutschen Rechtschreibung, die seit August 2006 gelten.

5. 4. 3. 2. 1. Die letzten Ziffern bezeichnen
13 12 11 10 09 Zahl und Jahr der Auflage.

Projektleitung: Stefan Giertzsch, Berlin
Redaktion: Susanne Hohmann, Frankfurt/M.
Reihengestaltung: tiff.any GmbH, Berlin
Satz und Layout: Dagmar & Torsten Lemme, Berlin
Illustrationen: Rainer Fischer, Berlin
Umschlagentwurf: Patricia Müller, Berlin
Druck und Bindearbeiten: orthdruk, Bialystok, Polen
Printed in Poland
ISBN 978-3-589-22757-0

Gedruckt auf säurefreiem Papier,
umweltschonend hergestellt aus chlorfrei gebleichten Faserstoffen.

Besser in Mathematik
Lösungsheft
Gymnasium
9. Klasse

Cornelsen
SCRIPTOR

1 QUADRATISCHE FUNKTIONEN

1.1 Die Taste x^2 auf dem Taschenrechner

Übung 1

x	1,8	– 0,12	-3,9	– 11,35
y	3,24	0,0144	15,21	128,8225

1.3 Verschiebungen der Normalparabel

Übung 1

x	– 3	– 2	– 1	0	1	2	3
$x^2 + 3$	12	7	4	3	4	7	12

Graph auf Seite 10 im Buch.

Übung 2

x	– 1	0	1	2	3	4	5	6
$(x – 3)^2$	16	9	4	1	0	1	4	9

Graph auf Seite 10 im Buch.

Übung 3

Graphen auf Seite 10 im Buch.

Übung 4

Verschiebung um

a) 3 Einheiten nach unten
b) 3 Einheiten nach rechts
c) 6 Einheiten nach links und 4 Einheiten nach unten
d) 3 Einheiten nach links
e) 1 Einheit nach rechts
f) 1,5 Einheiten nach links und 0,5 Einheiten nach unten

Übung 5

a) $y = x^2 – 1$
b) $y = (x + 5)^2$
c) $y = (x + 2)^2 – 4$
d) $y = (x – 4)^2 + 1$

Übung 6

a), b) und c)

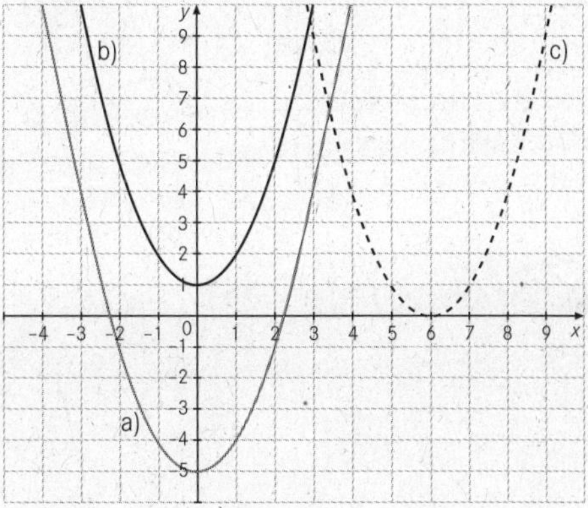

d), e) und f)

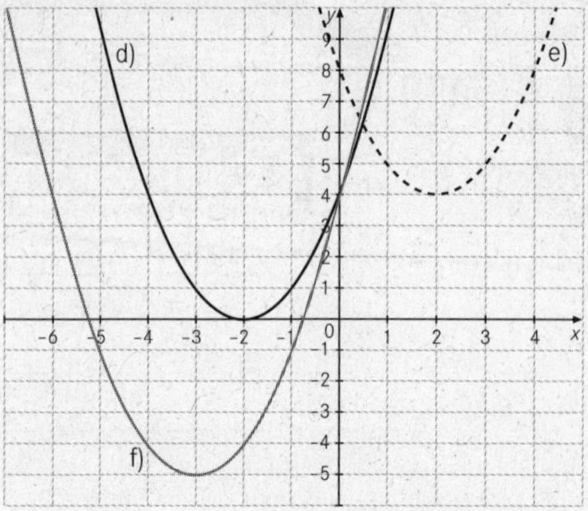

Übung 7

a) $y = (x - 2)^2$ b) $y = (x + 3)^2$ c) $(x - 2{,}5)^2$

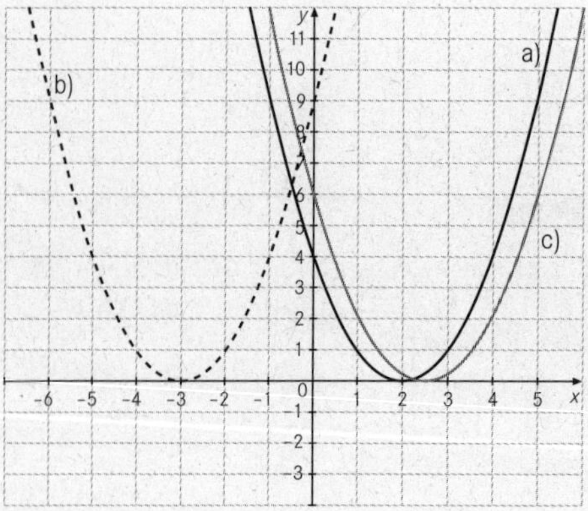

Übung 8

$y = (x - 4)^2 - 2$

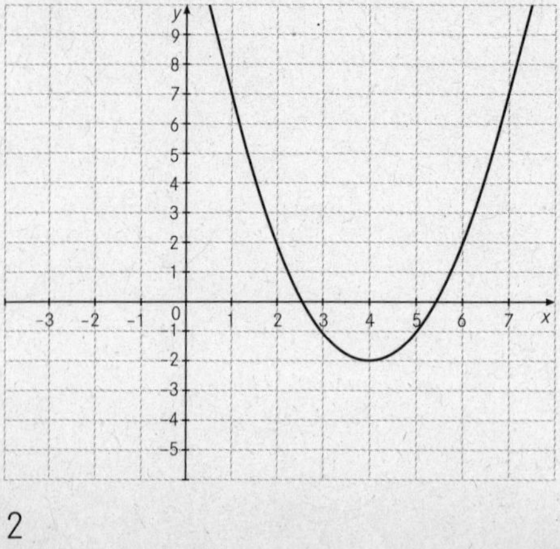

Übung 9

a) $S(-4|0)$ b) $S(5|0)$
c) $S(-4|-1)$ d) $S(5|-13)$

Übung 10

a) und b)

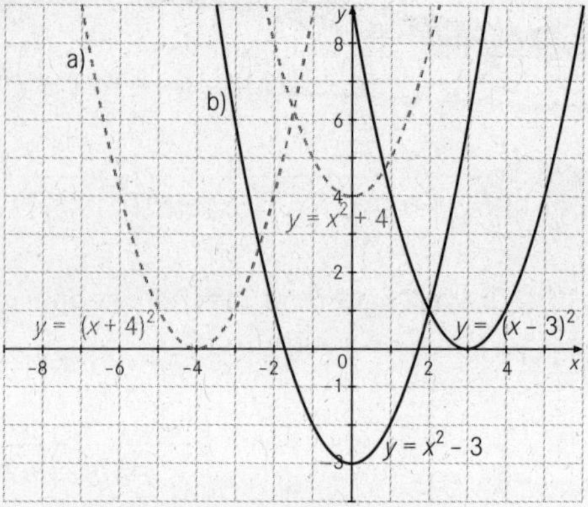

1.4 Streckungen, Stauchungen, Spiegelungen der Normalparabel

Übung 1

a) nach oben geöffnet; Streckung um 2,5
b) nach oben geöffnet; Stauchung um 0,8
c) nach unten geöffnet; Streckung um 1,5
d) nach unten geöffnet; Stauchung um 0,9

Übung 2

a) $y = 0{,}5x^2$ b) $y = -2x^2$

Übung 3

a), b) und c)

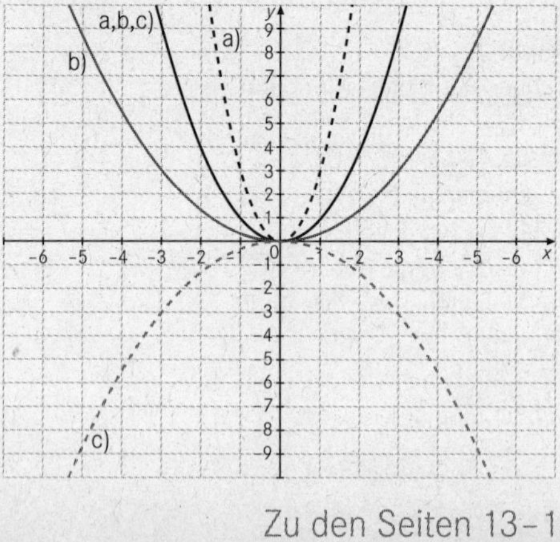

Übung 4

$y = -\frac{4}{5}x^2$

Übung 5

a) $y = (x-1)^2 - 4$ bzw. $y = x^2 - 2x - 3$

b) $y = (x+1)^2 - 3$ bzw. $y = x^2 + 2x - 2$

1.5 Verschiedene Aufgaben zu quadratischen Funktionen

Übung 1

a) $y = \frac{1}{2}(x-3)^2 - 1$ b) $y = 2(x-2)^2 + 8$

c) $y = -3(x-1)^2 + 2$

Übung 2

a) A und B liegen auf der Parabel.

b) P liegt auf der Parabel, Q nicht.

Übung 3

a) $5 = 1^2 - 3 \cdot 1 + a \Rightarrow a = 7$

b) $4 = a \cdot (-2)^2 - 2 \cdot (-2) + 1 \Rightarrow a = -\frac{1}{4}$

Übung 4

HB: $A = ab$

NB: $2a + 2b = 30$ bzw. $a + b = 15$

ZF: $A = -a^2 + 15a$

Das gesuchte Rechteck ist ein Quadrat mit der Seitenlänge $a = 7{,}5\,\text{cm}$.

Übung 5

HB: $A = \frac{(ab)}{2}$ NB: $a + 2b = 2$

ZF: $A = -b^2 + b$

Scheitelpunkt der ZF: $\left(\frac{1}{2}\middle|\frac{1}{4}\right)$; wähle $b = \frac{1}{2}$; $a = 1$.

Test Kapitel 1

Übung 1

a) Verschiebung um 2 Einheiten nach rechts und um 3 Einheiten nach oben

b) Spiegelung an der x-Achse, Verschiebung um 1 Einheit nach links und um 0,5 Einheiten nach unten

Übung 2

a) $y = (x-1)^2 - 3$ b) $y = -(x-3)^2$

c) $y = 0{,}5(x-2)^2 + 1$

Übung 3

$y = x^2 + 8x + 16 - 16 + 9$

$y = (x+4)^2 - 7 \Rightarrow S(-4|-7)$

Übung 4

Abwurfhöhe: Setze $x = 0 \Rightarrow$

$y = 30$, also: Abwurfhöhe 30 m

Gipfelpunkt:

$y - 30 = -0{,}1x^2 + 2x \quad | \cdot (-10)$

$-10(y - 30) = x^2 - 20x \quad |$ quadratische Ergänzung auf der rechten Seite

$-10(y - 30) = x^2 - 20x + 100 - 100 \quad |$ 2. bin. Formel

$-10(y - 30) = (x - 10)^2 - 100 \quad | : (-10)$

$y - 30 = -0{,}1(x - 10)^2 + 10 \quad | + 30$

$y = -0{,}1(x - 10)^2 + 40$

Scheitelpunkt bzw. Gipfelpunkt: $(10|40)$

Übung 5

$y = b\left(x^2 + \frac{2a}{b}x\right) \Rightarrow \frac{y}{b} = x^2 + \frac{2a}{b}x$

$\Rightarrow \frac{y}{b} = x^2 + \frac{2a}{b}x + \left(\frac{a}{b}\right)^2 - \left(\frac{a}{b}\right)^2 \Rightarrow \frac{y}{b} = \left(x + \frac{a}{b}\right)^2 - \left(\frac{a}{b}\right)^2$

$\Rightarrow y = b\left(x + \frac{a}{b}\right)^2 - b\left(\frac{a}{b}\right)^2 \Rightarrow y = b\left(x + \frac{a}{b}\right)^2 - \frac{a^2}{b}$

Scheitelpunkt: $S\left(-\frac{a}{b}\middle|-\frac{a^2}{b}\right)$

Übung 6

HB: Flächeninhalt des Dreiecks: $A = \frac{1}{2}xy$

NB: P liegt auf der Geraden, daher gilt:
$y = -2x + 16$.

ZF: $A = \frac{1}{2}x(-2x + 16)$
$A = -x^2 + 8x$

Scheitelpunkt der Zielfunktion:

$A = -x^2 + 8x \mid \cdot (-1)$

$-A = x^2 - 8x \quad |$ quadratische Ergänzung

$-A = x^2 - 8x + 16 - 16 \quad |$ 2. binomische Formel

$-A = (x - 4)^2 - 16 \quad | : (-1)$

$A = -(x - 4)^2 + 16$

Scheitelpunkt: $S(4|16)$

Somit ist der Flächeninhalt des Dreiecks maximal, wenn $x = 4$.

Zugehöriger y-Wert von P: $y = -2 \cdot 4 + 16 = 8$.

P muss die Koordinaten $(4|8)$ haben, damit der Flächeninhalt möglichst groß wird.

Maximalwert des Flächeninhaltes:

16 FE (= Flächeneinheiten).

2.1 Nullstellen von quadratischen Funktionen

Übung 1

a) +4, −4 b) +17; −17

c) $+\frac{2}{9}; -\frac{2}{9}$ d) +1,5; −1,5

Übung 2

a) 0; 4 b) 0; −8

c) 0; $\frac{2}{3}$ d) 0; −1,5

e) 0; $-2a$ f) 0; $3a$

Übung 3

a) +2 b) −3

c) $\frac{1}{2}$ d) −0,4

e) 1,5 f) $3a$

Übung 4

a) −1; 5 b) 2; 0,5

c) $-\frac{2}{3}; +\frac{1}{2}$ d) $\frac{2}{5}; \frac{2}{3}$

e) $2a; -5a$ f) $2{,}5a; -2a$

2.2 Sätze über quadratische Gleichungen

Übung 1

a) $x^2 + 5x = 0$ b) $x^2 + 4x + 4 = 0$

c) $x^2 - 2x - 3 = 0$ d) $x^2 - \frac{1}{6}x - \frac{1}{6} = 0$

Übung 2

a) $y = x^2 - 1{,}5x$ b) $y = x^2 - 6x + 9$

c) $y = x^2 + \frac{1}{12}x - \frac{1}{12}$ d) $y = x^2 + 0{,}8x - 0{,}48$

Übung 3

a) $(x - 2)(x + 3)$ b) $\left(x - \frac{1}{2}\right)\left(x + \frac{1}{4}\right)$

c) $(x - 1{,}5)(x + 1{,}5)$ d) $\left(x + \frac{2}{3}\right)\left(x - \frac{3}{5}\right)$

Übung 4

a) $x^2 + 2x - 35 = 0$ b) $x^2 - 5x - 36 = 0$

c) $x^2 - 0{,}2x - 0{,}8 = 0$ d) $x^2 - \frac{7}{12}x + \frac{1}{12} = 0$

e) $x^2 + \frac{7}{6}x + \frac{1}{3} = 0$

Übung 5

a) $D = 0$, eine Lösung

b) $D = -4{,}75 < 0$, keine Lösung

c) $D = 6{,}25 > 0$, zwei Lösungen

Übung 6

a) $k = 4$ b) $k = 6$

2.3 Quadratische Gleichungen vom Typ $ax^2 + bx + c = 0$ ($a \neq 0$)

Einführungsbeispiel: Die Gleichung hat die beiden Lösungen $x = -4$ und $x = 6$; Christopher schreibt: „Der Stein erreicht nach 6 s den Boden“, denn die negative Lösung hat hier keinen Sinn.

Übung 1

a) −3; 1 b) $-2; \frac{1}{2}$

c) $\frac{1}{3}; \frac{2}{5}$ d) −0,3; 0,2

e) −0,7; 0,5 f) $3b; -1{,}5b$

2.4 Schnittstellen von Parabeln und Geraden

Übung 1

a)

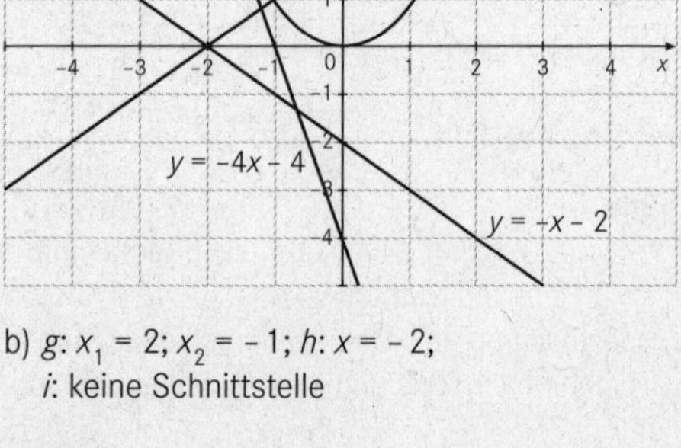

b) g: $x_1 = 2$; $x_2 = -1$; h: $x = -2$;
i: keine Schnittstelle

Übung 2

a) −1; 2

b) 1

c) keine Lösung

2.5 Gleichungen höheren Grades

Übung 1

a) $+3; -3; +2; -2$
b) $+4; -4$
c) $\sqrt{11}; -\sqrt{11}; \sqrt{3}; -\sqrt{3}$

Übung 2

a) $+4; -4; +3; -3$
b) $+3; -3$

Übung 3

$1; -2$

Übung 4

a) $0; 4; 3$
b) $0; -2; 5$
c) $0; 0{,}5; -0{,}4$

Test Kapitel 2

Übung 1

a) $x_{1/2} = -\frac{a}{2} \pm \sqrt{\left(\frac{a}{2}\right)^2 - b}$

b) $D = \left(\frac{a}{2}\right)^2 - b$

Übung 2

a) $(x-3) \cdot (x+5) = x^2 + 2x - 15$
Gleichung: $x^2 + 2x - 15 = 0$
b) $(x - 5a) \cdot (x - 2a) = x^2 - 7ax + 10a^2$
Gleichung: $x^2 - 7ax + 10a^2 = 0$

Übung 3

a) $L = \{0; -4\}$
b) $L = \{-2a^2; a^2\}$
c) $L = \{+5; -5\}$
d) $L = \{-0{,}2; -0{,}4\}$

Übung 4

a) Setze $30 - 5t^2 = 0 \Rightarrow t = \pm\sqrt{6} \approx \pm 2{,}45$
Der Hammer schlägt nach ca. 2,45 Sekunden auf.
b) Setze $-0{,}1x^2 + 2x + 30 = 0$
$\Rightarrow x^2 - 20x - 300 = 0 \Rightarrow x_1 = -10, x_2 = 30$
Der Stein schlägt in 30 m Entfernung vom Turm auf.

Übung 5

$4x^2 + ax + 16 = 0 \Rightarrow x^2 + \frac{a}{4}x + 4 = 0$

Diskriminante: $D = \left(\frac{a}{8}\right)^2 - 4$

Die Gleichung hat genau eine Lösung, wenn

$D = \left(\frac{a}{8}\right)^2 - 4 = 0 \Rightarrow a = +16$ oder $a = -16$.

Übung 6

Setze $2x^2 = mx - 2 \Rightarrow 2x^2 - mx + 2 = 0$

$x^2 - \frac{m}{2}x + 1 = 0$

Diskriminante: $D = \left(-\frac{m}{4}\right)^2 - 1$

Die Gleichung hat genau eine Lösung, d. h., die Parabel und die Gerade haben genau einen Schnittpunkt, wenn $D = 0$.

$\left(-\frac{m}{4}\right)^2 - 1 = 0$

$m^2 = 16$

$m = +4$ oder $m = -4$.

3.1 Die Teile eines Potenzterms

Übung 1

a) 32 b) 81 c) 0,125

d) $\frac{1}{81}$ e) $\frac{32}{3125}$

Übung 2

a) 6 b) 4 c) 4

3.2 Normdarstellung für große Zahlen

Übung 1

a) $3{,}5 \cdot 10^4$ b) $4{,}81 \cdot 10^8$ c) $1{,}0304 \cdot 10^{11}$

Übung 2

a) $3{,}6452 \cdot 10^9$ b) $6{,}695 \cdot 10^{11}$
c) 152 761,9... d) 871,1...
e) 32 430 f) $2{,}901 \cdot 10^{12}$

3.3 Potenzgesetze

Übung 1

a) 5^7 $0{,}5^6$ $1{,}1^6$ $(-2)^7$
a^{12} $(-x)^8$ $(a+b)^8$ $(x-y)^{m+n}$

b) $3^1 = 3$ $0{,}1^2$ $1{,}2^2$ $(-4)^3$
x^3 $(-a)^2$ $(x-y)^2$ $(2a-b)^3$

c) 10^3 1^4 10^6 3^4
a^{12} x^8 $(a^2-b^2)^4$ $(9x^2-y^2)^m$

d) 11^3 5^4 2^7 3^5
3^4 $(3x)^5$ $\left(\frac{2}{3}a\right)^4$ $(2a)^7$

e) 2^{12} $0{,}1^6$ $\left(\frac{1}{2}\right)^{10}$ $(-1)^{18}$
$(-2)^{10}$ $\left(-\frac{1}{2}\right)^8$ $(3a)^6$ $(-2x^2)^{10}$

3.4 Potenzen mit negativer Basis

Übung 1

a) −1 024 b) −256 c) 32
d) 0 e) 0 f) −1

Übung 2

a) Falsch
b) Richtig, wenn die Basis ungleich null ist.
c) Richtig
d) Falsch

3.5 Potenzen mit ganzzahligen Exponenten

Übung 1

a) $\frac{1}{3^2}$ b) $\frac{1}{6}$ c) $\frac{1}{(3a)^2}$

d) $\frac{1}{(a+b)}$ e) $\frac{1}{(x-y)^2}$

Übung 2

a) (P1a)
2^2 $0{,}1^{-1}$ $(-2)^{-2} = \frac{1}{4}$
a^{-1} $(-x)^{-10}$ $(a+b)^{-2}$

b) (P1b)
2^4 $0{,}5$ $(-2)^2$
x^{-5} $(-a)^6$ x^2y^{-2}

c) (P2a)
100^{-2} $1^{-3} = 1$ 100^{-4}
$(10x)^{-3}$ $(-10a^4)^{-3}$ $(a^2-b^2)^{-1}$

d) (P2b)
3^{-2} 4^{-4} $1{,}1^{-4}$
$(3x)^{-3}$ $\left(\frac{5}{a}\right)^{-3}$ $(x+y)^{-3}$

e) (P3)
2^{10} $0{,}1^6$ $(-3)^4$
$\frac{1}{27}x^{-9}$ $(-0{,}2)^{-2}a^6 = 25a^6$ $(x-1)^{-6}$

Übung 3

a) $3{,}5 \cdot 10^{-3}$ b) $4{,}01 \cdot 10^{-4}$ c) $7{,}8 \cdot 10^{-7}$

Übung 4

a) 0,0273 b) −0,008 45
c) $4{,}207 \cdot 10^{-6}$ d) 1 642,8...

3.6 Potenzen mit rationalen Exponenten und „höhere" Wurzeln

Übung 1

a) $\sqrt[5]{32} = 2$ b) $\sqrt[4]{81} = 3$

c) $\sqrt[5]{0{,}00032} = 0{,}2$ d) $\sqrt[4]{\left(\frac{16}{81}\right)} = \frac{2}{3}$

Übung 2

a) 4 b) $\frac{1}{2}; -\frac{1}{2}$ c) 3

Übung 3

a) 2 b) $\frac{2}{5}$ c) 0,3 d) 2 e) 0,2

Übung 4

a) $\sqrt[3]{27} = 3$ b) $\sqrt[6]{64} = 2$

c) $\sqrt{0{,}04} = 0{,}2$ d) $\sqrt[10]{1\,024} = 2$

e) $\sqrt[4]{\frac{16}{81}} = \frac{2}{3}$ f) $\left(\sqrt[3]{8}\right)^2 = 4$

g) $\left(\sqrt{0{,}01}\right)^3 = 0{,}001$ h) $\left(\sqrt[4]{0{,}0016}\right)^3 = 0{,}008$

Übung 5

a) 5 b) $|-a|$ c) $|-2x|$ d) $|3a|$
e) $|x+y|$ f) $|r+s|$ g) $|a-b|$ h) $|x+3|$

Übung 6

a) $7^{\frac{3}{4}}$ b) $a^{\frac{5}{6}}$ c) $a^{-\frac{2}{5}}$ d) 1

e) $3^{\frac{1}{4}}$ f) $z^{\frac{5}{8}}$ g) $x^{\frac{3}{2}}$ h) $b^{-\frac{1}{2}}$

i) $16^{\frac{1}{2}} = 4$ j) $36^{\frac{3}{2}} = 216$

k) $(xy)^{\frac{1}{4}}$ l) $(ab^2)^{\frac{1}{3}}$

m) $16^{\frac{1}{4}} = 2$ n) $8^{\frac{2}{3}} = 4$

o) $(a:b)^{\frac{6}{7}}$ p) $(x:y^2)^{\frac{3}{5}}$

q) $2^{\frac{6}{3}} = 4$ r) $81^{\frac{1}{4}} = 3$

s) $y^{\frac{1}{2}}$ t) $z^{-\frac{1}{2}}$

Übung 7

a) $\sqrt[n]{a} : \sqrt[n]{b} = a^{\frac{1}{n}} : b^{\frac{1}{n}} = (a:b)^{\frac{1}{n}} = \sqrt[n]{a:b}$

b) $\sqrt[n]{\sqrt[m]{a}} = \left(a^{\frac{1}{m}}\right)^{\frac{1}{n}} = a^{\frac{1}{mn}} = \sqrt[m \cdot n]{a}$

Übung 8

a) 10 b) 3 c) 6 d) $2a$

e) 0,2 f) $\sqrt{3}$ g) 5 h) z^2

i) $\frac{2}{7} \cdot a$ j) $\frac{3}{(5ab)}$ k) 2 l) $|x|$

m) a^2b^3 n) x^4 o) a^2b^2

Übung 9

a) $3 \cdot \sqrt{2}$ b) $2 \cdot \sqrt[3]{3}$ c) $\sqrt{15} \cdot \frac{1}{7}$

d) $5a \cdot \sqrt{2}$ e) $5x \cdot \sqrt[3]{(2x)}$ f) $\frac{\left(2x \cdot \sqrt[3]{x}\right)}{\left(5y \cdot \sqrt[3]{y^2}\right)}$

Übung 10

a) $\frac{3 \cdot \sqrt{5}}{5}$ b) $\frac{\left(\sqrt[3]{2}\right)^2}{2}$

c) $\frac{3\left(\sqrt[4]{4}\right)^3}{4}$ d) $\frac{\left(\sqrt[5]{64}\right)^4}{64} = \frac{\sqrt[5]{2}^{\,4}}{4}$

e) $\frac{1-\sqrt{2}}{1-2} = \sqrt{2} - 1$ f) $\frac{3+\sqrt{5}}{4}$

g) $\frac{(2+\sqrt{3})^2}{1}$ h) $\frac{(\sqrt{a}+\sqrt{b})^2}{a^2-b^2}$

3.7 Graphen von Potenzfunktionen

Übung 1

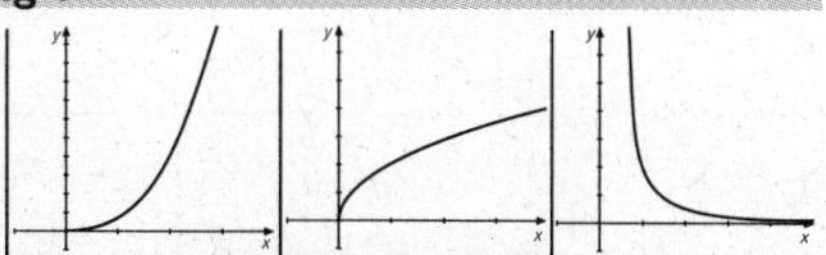

$f(x) =$	Graph 1	Graph 2	Graph 3
$\sqrt{x}$		+	
$x^{1,2}$	+		
$x^{-3,7}$			+
$x^{0,9}$		+	
x^9	+		
x^{-9}			+
$x^{-0,1}$			+

Übung 2

	Symmetrien		besondere Punkte			
$y =$	Achsen-symmetrie	Punkt-symmetrie	(0|0)	(1|1)	(−1|−1)	(−1|1)
x^2	+		+	+		+
x^3		+	+	+	+	
x^4	+		+	+		+
x^5		+	+	+	+	
x^6	+		+	+		+
x^{-1}		+		+	+	
x^{-2}	+			+		+
x^{-3}		+		+	+	
x^{-4}	+			+		+

Übung 3

a) $y = x^{1,5}$ b) $y = x^{0,7}$
c) $y = x^{-1,3}$ d) $y = x^6$

Test Kapitel 3

Übung 1

a) $5{,}073 \cdot 10^{10}$ b) $6{,}12 \cdot 10^{-9}$

Übung 2

a) $\frac{1}{b^3}$ b) $\frac{x^6}{y^2}$ c) $\frac{y^{12}}{x^6}$

d) $\frac{1}{a^{m+2}}$ e) x^m f) 1

Übung 3

	a)	b)	c)	d)
	$\frac{c^{m+1} - c^m}{c^m} =$	$\frac{(b^2 - a^2)^m}{(b+a)^m} =$	$\sqrt[n^2-1]{a^{n-1}} =$	$\frac{c-3}{\sqrt{c} - \sqrt{3}} =$
Zeile 1	$\frac{c^1}{c^m} =$	$\frac{(b+a)^m (b-a)^m}{(b+a)^m} =$	$a^{\frac{n-1}{n^2-1}} =$	$\frac{\sqrt{c}^{\,2} - \sqrt{3}^{\,2}}{\sqrt{c} - \sqrt{3}} =$
Zeile 2	$c^{1+m} =$	$(b-a)^m =$	$a^{\frac{1}{n-1}} =$	$\sqrt{c} - \sqrt{3} =$
Zeile 3	c^m	$b^m - a^m$	$\sqrt[n+1]{a}$	$\sqrt{(c-3)}$

Übung 4

a) $\sqrt{\frac{64x^4}{y^7 z}} = \frac{\sqrt{64}\sqrt{x^4}}{\sqrt{yy^6}\sqrt{z}} = \frac{8x^2}{y^3\sqrt{y}\sqrt{z}}$

b) $\frac{2}{3+\sqrt{2}} = \frac{2(3-\sqrt{2})}{(3+\sqrt{2})(3-\sqrt{2})}$

$= \frac{6 - 2\sqrt{2}}{9-2} = \frac{6-2\sqrt{2}}{7}$

Übung 5

$\frac{1 + 4x^{-1} + 4x^{-2}}{x^{-1} + 2x^{-2}} = \frac{x^2 + 4x + 4}{x+2} = \frac{(x+2)^2}{x+2} = x + 2$

Zu Seite 56

4.1 Umfang und Flächeninhalt des Kreises

Übung 1

	a)	b)	c)
r	5 cm	1,27 m	1,78 m
d	10 cm	2,54 m	3,56 m
U	31,4 cm	8 m	11,18 m
A	78,5 cm²	5,07 m²	10 m²

Übung 2

a) Fläche = Quadrat – 4 Viertelkreise

$A = a^2 - 4 \cdot \frac{1}{4}\pi\left(\frac{a}{2}\right)^2 = a^2 - \pi\left(\frac{a}{2}\right)^2$

$A = 13{,}73\,\text{cm}^2$

Umfang = Umfang von 4 Viertelkreisen

$U = 4 \cdot \frac{1}{4} \cdot 2\pi\left(\frac{a}{2}\right) = \pi \cdot a \quad U = 25{,}13\,\text{cm}$

b) Fläche = großer Kreis – 2 kleine Kreise

$A = \pi a^2 - 2\pi\left(\frac{a}{2}\right)^2 = \frac{1}{2}\pi a^2$

$A = 25{,}1\,\text{cm}^2$

Umfang = Umfang des großen Kreises + 2 · Umfang eines kleinen Kreises

$U = 2\pi a + 2 \cdot 2\pi\left(\frac{a}{2}\right) = 4\pi a \quad U = 50{,}3\,\text{cm}$

c) Fläche = großer Halbkreis + 2 kleine Halbkreise

$A = \frac{1}{2} \cdot \pi\left(\frac{a}{2}\right)^2 + 2 \cdot \frac{1}{2} \cdot \pi\left(\frac{a}{4}\right)^2 = \frac{3\pi a^2}{16}$

$A = 235{,}6\,\text{cm}^2$

Umfang = $\frac{1}{2}$ Umfang großer Kreis + Umfang kleiner Kreis

$U = \pi\left(\frac{a}{2}\right) + 2\pi\left(\frac{a}{4}\right) = \pi a \quad U \approx 62{,}8\,\text{cm}$

Übung 3

a): $A = a^2 - \pi\left(\frac{a}{2}\right)^2 = a^2 - \pi\frac{a^2}{4}$

b): $A = a^2 - 4\pi\left(\frac{a}{4}\right)^2 = a^2 - \pi\frac{a^2}{4}$

c): $A = a^2 - 9\pi\left(\frac{a}{6}\right)^2 = a^2 - \pi\frac{a^2}{4}$

Die Restflächen sind immer gleich groß mit $A \approx 30{,}9\,\text{cm}^2$.

Übung 4

d = Breite der Rasenfläche = Durchmesser des Halbkeises;

$400\,\text{m} = 2 \cdot 100\,\text{m} + 2\pi\left(\frac{d}{2}\right) \Rightarrow d = \frac{200\,\text{m}}{\pi} \approx 63{,}7\,\text{m}$

Übung 5

$U = 2\pi r \qquad 10 = 2\pi(R - r)$

$U + 10 = 2\pi R$

$R - r = \frac{10\text{m}}{(2\pi)} \approx 1{,}59\,\text{m}$

Der Faden befindet sich rund um die Erdkugel in 1,59 m Höhe.

Übung 6

$A = \pi(R^2 - r^2)$

4.2 Kreisausschnitt und Kreisbogen

Übung 1

	Christopher	Julia
A_α	209 cm²	176,7 cm²
b_α	20,9 cm	23,6 cm

Julias Pizzastück ist kleiner, hat dafür aber einen längeren leckeren Käserand.

Übung 2

$r = \sqrt{\left(\frac{A_\alpha \cdot 360°}{(\pi \cdot \alpha)}\right)} \qquad r = \frac{b_\alpha \cdot 360°}{(2\pi\alpha)}$

Übung 3

Winkel α	Radius r	Sektorfläche A_α	Bogenlänge b_α
35°	8 cm	19,55 cm²	4,89 cm
15,9°	12 m	20 m²	3,33 cm
75°	45,84 cm	1375,10 cm²	60 cm
15,28°	15 cm	30 cm²	4 cm

Übung 4

$b_\alpha = 2\pi r \frac{\alpha}{360°} = \frac{2\pi r^2}{r} \cdot \frac{\alpha}{360°} = \frac{2}{r}\pi r^2 \frac{\alpha}{360°}$

$= \frac{2}{r}A_\alpha \Rightarrow b_\alpha = \frac{2}{r}A_\alpha \Rightarrow$ Beh.

Test Kapitel 4

Übung 1

a) $b_{30°} = 2\pi \cdot 1 \cdot \frac{30°}{360°} \approx 0{,}52$

b) $r = 2\pi r \frac{\alpha}{360°} \Rightarrow \alpha = \frac{360°}{2\pi} \approx 57{,}3°$

Übung 2

a) Radius des inneren Kreises: $r = 1$;
Radius des gesamten Beetes: R;
Breite des Kreisringes: $d = R - r$;
Bedingung:
$\pi r^2 = \pi R^2 - \pi r^2 \Rightarrow R^2 = 2r^2 \Rightarrow R = \sqrt{2r^2}$;
mit $r = 1$ gilt: $R = \sqrt{2}$; $\Rightarrow d = \sqrt{2} - 1 \approx 0{,}41$,
d. h., der Ring muss ca. 40 cm breit sein.

b) Bedingung: $r^2 = \pi r^2 \frac{\alpha}{360°}$;
mit $r = 1$ gilt: $\alpha = \frac{360°}{\pi} \approx 114{,}6°$

Übung 3

a) Pythagoras: $R^2 + R^2 = a^2$
$2R^2 = a^2$
$\sqrt{2}R = a$
Fläche des Quadrates: $a^2 = 2R^2$
Fläche des Kreises: πR^2
Eingeschlossene Fläche:
$\pi R^2 - 2R^2 = (\pi - 2)\,R^2 \approx 1{,}14R^2$

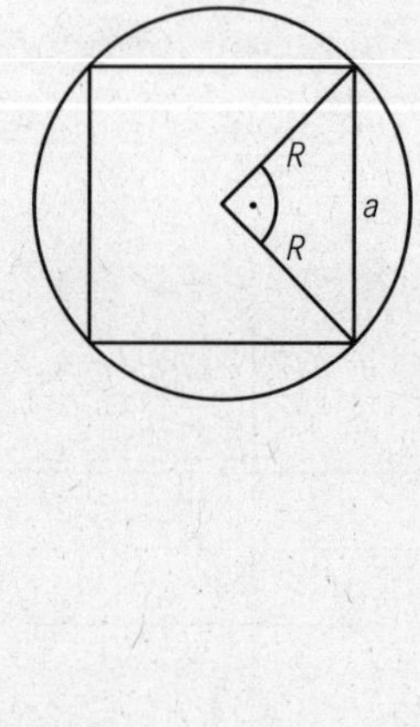

b) Fläche des Quadrates : $(2R)^2$
Fläche des Kreises: πR^2

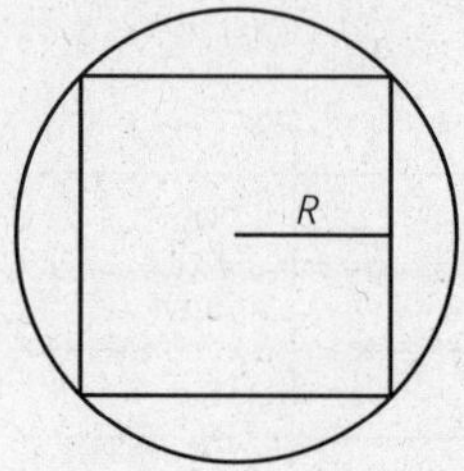

Eingeschlossene Fläche:
$(2R)^2 - \pi R^2 = (4 - \pi)R^2 \approx 0{,}86\,R^2$
Antwort: Die Fläche in Bild a) ist größer.

Übung 4

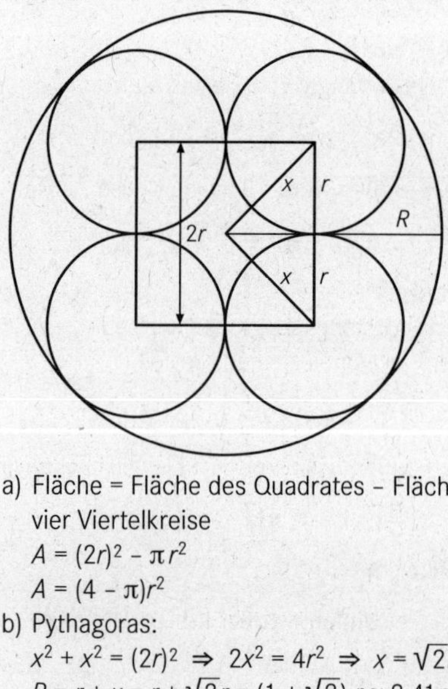

a) Fläche = Fläche des Quadrates – Fläche der vier Viertelkreise
$A = (2r)^2 - \pi r^2$
$A = (4 - \pi)r^2$

b) Pythagoras:
$x^2 + x^2 = (2r)^2 \Rightarrow 2x^2 = 4r^2 \Rightarrow x = \sqrt{2}r$
$R = r + x = r + \sqrt{2}r = (1 + \sqrt{2})\,r \approx 2{,}41r < 2{,}5r$
Antwort: Der Radius R ist kleiner als $2{,}5r$.

5 PYRAMIDE, ZYLINDER, KEGEL UND KUGEL

5.1 Netze und Oberflächen

Übung 1

a)

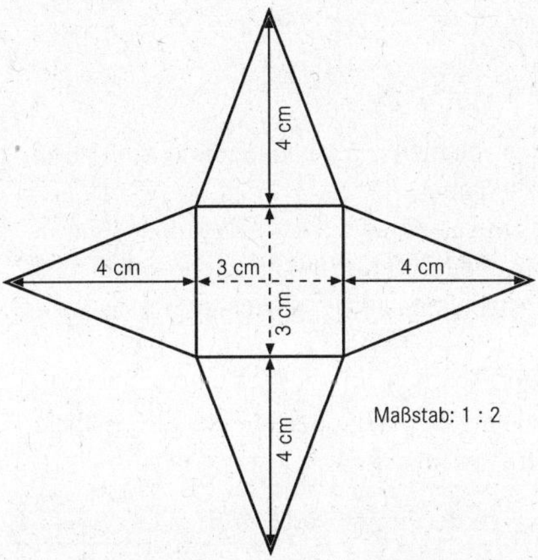

Maßstab: 1 : 2

b)

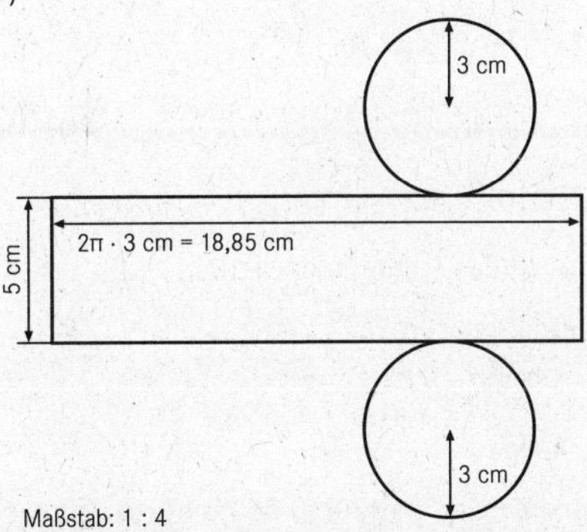

Maßstab: 1 : 4

c)

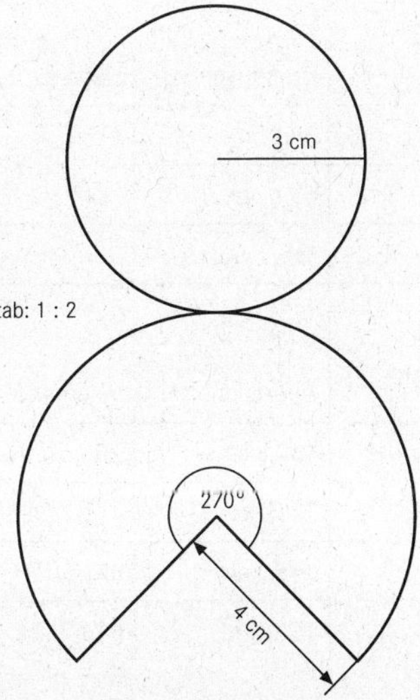

Maßstab: 1 : 2

Übung 2

	a) Zylinder	b) Zylinder	c) Kegel	d) Kegel
r	8 cm	2,39 cm	5 cm	2 cm
h	12 cm	6 cm	4 cm	1,96 cm
O	1 005,3 cm²	125,9 cm²	179,1 cm²	30,2 cm²
M	603,2 cm²	90 cm²	100,6 cm²	17,6 cm²
s	–	–	6,4 cm	2,8 cm

5.2 Volumen von Pyramide, Zylinder, Kegel und Kugel

Übung 1

	Höhe *h*	Kantenlänge *a*	Grundfläche *G*	Volumen *V*
a)	4 cm	3 cm	9 cm²	12 cm³
b)	8,1 m	9,5 m	90,25 m²	243,7 m³
c)	5 m	6 m	36 m²	60 m³

Übung 2

a) Zylinder

Radius *r*	Grundfläche *G*	Höhe *h*
5 cm	78,5 cm²	9 cm
4,5 cm	63,62 cm²	7 cm
6,8 cm	145,3 cm²	6 cm
7 cm	153,9 cm²	3,5 cm

Mantel *M*	Oberfläche *O*	Volumen *V*
282,7 cm²	439,8 cm²	706,5 cm³
197,9 cm²	325,2 cm²	445,34 cm³
256,4 cm²	546,9 cm²	871,6 cm³
153,94 cm²	461,8 cm²	538,78 cm³

b) Kegel

Radius *r*	Höhe *h*	Mantellinie *s*	Grundfläche *G*
6 cm	4,5 cm	7,5 cm	113,1 cm²
8,5 cm	12 cm	14,71 cm	226,98 cm²
5,3 cm	8,2 cm	9,8 cm	88,25 cm²

Mantel *M*	Oberfläche *O*	Volumen *V*
141,4 cm²	254,5 cm²	169,7 cm³
392,8 cm²	619,8 cm²	907,9 cm³
163,2 cm²	251,4 cm²	241,21 cm³

c) Kugel

Radius *r*	Oberfläche *O*	Volumen *V*
5 cm	314,16 cm²	523,6 cm³
8,5 cm	907,9 cm²	2572,4 cm³
3,6 cm	162,9 cm²	195,4 cm³

Übung 3

$V = \frac{1}{3} \cdot 4^2 \cdot 5 \approx 26{,}7\,\text{cm}^3$

Übung 4

$V_1 = a^3 - \frac{4}{3} \cdot \pi \cdot \left(\frac{a}{2}\right)^3 = a^3 - \frac{4}{3} \cdot \pi \cdot \frac{a^3}{8} = a^3\left(1 - \frac{\pi}{6}\right)$

$V_2 = a^3 - 8 \cdot \frac{4}{3} \cdot \pi \cdot \left(\frac{a}{4}\right)^3 = a^3 - \frac{32}{3} \cdot \pi \cdot \frac{a^3}{64}$

$= a^3 - \pi \cdot \frac{a^3}{6} = a^3\left(1 - \frac{\pi}{6}\right)$

Das Restvolumen ist also in beiden Fällen gleich.

Zusatzaufgabe:

Führe die Berechnung des Restvolumens für $3^3 = 27$ und für n^3 Kugeln durch und zeige, dass das Restvolumen in allen Fällen $a^3\left(1 - \frac{\pi}{6}\right)$ beträgt.

Übung 5

Berechnung des vergrößerten Radius r_2 mithilfe des Strahlensatzes:

(Skizze)

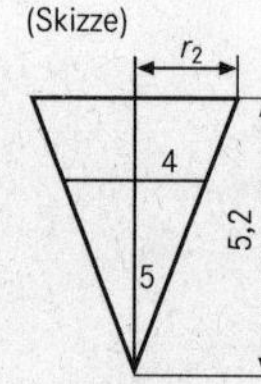

$\frac{r_2}{5{,}2} = \frac{4}{5} \Rightarrow r_2 = \frac{20{,}8}{5} = 4{,}16\,(\text{cm})$

Volumenänderung:

$\Delta V = V_2 - V_1 = \frac{1}{3}\pi r_2{}^2 h_2 - \frac{1}{3}\pi r_1{}^2 h_1$

$= \frac{1}{3}\pi (r_2{}^2 h_2 - r_1{}^2 h_1)$

$\Delta V = \frac{1}{3}\pi (4{,}16^2 \cdot 5{,}2 - 4^2 \cdot 5)\,\text{cm}^3 \approx 10{,}5\,\text{cm}^3$

Das ist auch das Volumen der Frucht.

Radius der Frucht: $\Delta V = \frac{4}{3} \cdot \pi r^3 \Rightarrow r = \sqrt[3]{\frac{(3\Delta V)}{(4\pi)}}$

$= \sqrt[3]{\frac{(3 \cdot 10{,}5\,\text{cm}^3)}{(4\pi)}} \approx 1{,}4\,\text{cm}.$

Der Durchmesser der Frucht beträgt also ca. 2,8 cm.

5.3 Spezielle Arten von Aufgaben

Übung 1

a) $V_1 = \frac{4}{3}\pi r^3$

$V_2 = \frac{4}{3}\pi (2r)^3 = \frac{4}{3}\pi\, 8r^3 = 8\, V_1$

Das Volumen vergrößert sich um den Faktor 8.

b) $O_1 = 4\pi r^2 \quad O_2 = 4\pi (2r)^2 = 4\pi 4r^2 = 4\, O_1$

Die Oberfläche vervierfacht sich.

c) $V_1 = \pi r^2 h \quad V_2 = \pi (3r)^2 \left(\frac{h}{2}\right) = \frac{9}{2}\pi r^2 h = 4{,}5\, V_1$

Das Volumen vergrößert sich um den Faktor 4,5.

d) $V_1 = \frac{1}{3}\pi r^2 h$

$V_2 = \frac{1}{3}\pi (2r)^2 \left(\frac{h}{2}\right) - \frac{1}{3}\pi r^2 h \cdot 2 = 2V_1$

Das Volumen verdoppelt sich.

Übung 2

$V_1 = \frac{1}{3}\pi r_1{}^2 h_1$

$V_2 = \frac{1}{3}\pi r_2{}^2 h_2 = \frac{1}{3}\pi (2r_1)^2 (2h_1) = \frac{1}{3}\pi 4 r_1{}^2 2h_1$

$= 8 \cdot \frac{1}{3}\pi r_1{}^2 h_1 = 8\, V_1$

Übung 3

$O = \pi r(r + s)$ und $s = \sqrt{(h^2 + r^2)}$

$\Rightarrow O = \pi r\left(r + \sqrt{(h^2 + r^2)}\right)$

Test Kapitel 5

Übung 1

$V_1 = \frac{1}{3}\pi r^2 h \quad V_2 = \frac{1}{3}\pi (3r)^2 \frac{h}{2} = \frac{1}{3}\pi\, 9r^2 \frac{h}{2}$

$= \frac{1}{3}\pi r^2 h\, 4{,}5 = 4{,}5\, V_1$

d. h., das Volumen vergrößert sich um den Faktor 4,5.

Übung 2

Volumen der ursprünglich verdrängten Wassermenge:
$V = \pi r^2 h = \pi (7{,}5\,\text{cm})^2 \cdot 2\,\text{cm} = 353{,}4\,\text{cm}^3$
Radius der Kugel:

$V = \frac{4}{3}\pi r^3$

$r = \sqrt[3]{\frac{3V}{4\pi}} = \sqrt[3]{\frac{3 \cdot 353{,}4\,\text{cm}^3}{4\pi}} \approx 4{,}39\,\text{cm}$

Der Durchmesser beträgt ca. 8,78 cm.

Übung 3

a) $\frac{\text{Volumen des Kegels}}{\text{Volumen des Würfels}} = \frac{\frac{1}{3}\pi\left(\frac{a}{2}\right)^2 a}{a^3}$

$= \frac{\pi \frac{a^3}{12}}{a^3} = \frac{\pi}{12} \approx 0{,}262$

Für das Volumen des Kegels gilt:
$V_{Kegel} = 0{,}262\, V_{Würfel}$.

Für das Volumen der Abfallmenge gilt:
$V_{Abfall} = V_{Würfel} - V_{Kegel} = V_{Würfel} - 0{,}262\, V_{Würfel}$

$= 0{,}738\, V_{Würfel} \Rightarrow \frac{0{,}738}{0{,}262} \approx 2{,}8.$

Das Volumen der Abfallmenge ist also fast dreimal so groß wie das des Kegels.

b) $\frac{\text{Oberfläche des Kegels}}{\text{Oberfläche des Würfels}} = \frac{\pi \frac{a}{2}\left(\frac{a}{2} + s\right)}{6a^2}$

$= \frac{\pi \frac{a}{2}\left[\left(\frac{a}{2}\right) + \frac{\sqrt{5}}{2}a\right]}{6a^2} = \frac{\pi\left(\frac{a}{2}\right)^2 (1 + \sqrt{5})}{6a^2}$

$= \frac{\pi \frac{a^2}{4} (1 + \sqrt{5})}{6a^2} = \frac{\frac{\pi}{4}(1 + \sqrt{5})}{6}$

$= \frac{\pi (1 + \sqrt{5})}{24} \approx 0{,}424$

Die Oberfläche des Kegels ist weniger als halb so groß wie die des Würfels, man benötigt also weniger als die Hälfte der Farbe.

Übung 4

Volumen des Sektglases:

$V = \frac{1}{3}\pi (3\,\text{cm})^2\, 12\,\text{cm} = 36\pi\text{cm}^3 \approx 113{,}1\,\text{cm}^3$

Bedingung:
Sektvolumen $= \frac{1}{2}V = 18\pi\text{cm}^3 \approx 56{,}5\,\text{cm}^3$

Strahlensatz: $\frac{h}{r} = \frac{12}{3} \Rightarrow h = 4r$

Sektvolumen:

$V_{Sekt} = \frac{1}{3}\pi r^2 \cdot 4r = \frac{4}{3}\pi r^3 \Rightarrow \frac{4}{3}\pi r^3 \approx 56{,}5\,\text{cm}^3$

$r \approx 2{,}38\,\text{cm} \Rightarrow h \approx 9{,}52\,\text{cm}$
Das Glas muss also bis zu einer Höhe von ca. 9,5 cm mit Sekt gefüllt werden.

6.1 Trigonometrische Funktionen am rechtwinkligen Dreieck

Übung 1

a) 33,7°; 66,7%; $\frac{2}{3} = 0,66$

b) 45°; 100%; 1

c) 11,3°; 20%; $\frac{1}{5} = 0,2$

Übung 2

a) Hypotenuse: c

	α	β	γ
GK	a	b	–
AK	b	a	–

Hypotenuse: a

	α	β	γ
GK	–	b	c
AK	–	c	b

b) Hypotenuse: c

$\sin\alpha = \frac{a}{c}$ $\sin\beta = \frac{b}{c}$

$\cos\alpha = \frac{b}{c}$ $\cos\beta = \frac{a}{c}$

$\tan\alpha = \frac{a}{b}$ $\tan\beta = \frac{b}{a}$

Hypotenuse: a

$\sin\beta = \frac{b}{a}$ $\sin\gamma = \frac{c}{a}$

$\cos\beta = \frac{c}{a}$ $\cos\gamma = \frac{b}{a}$

$\tan\beta = \frac{b}{c}$ $\tan\gamma = \frac{c}{b}$

Übung 3

a) $\sin 30° = 0,5$; $\cos 30° \approx 0,87$; $\tan 30° \approx 0,58$;
$\sin 60° \approx 0,87$; $\cos 60° = 0,5$; $\tan 60° \approx 1,73$

b) Lösung im Buch Seite 80.

Übung 4

$b^2 + c^2 = a^2$

$\sin\beta = \frac{b}{a}$ $\sin\gamma = \frac{c}{a}$

$\cos\beta = \frac{c}{a}$ $\cos\gamma = \frac{b}{a}$

$\tan\beta = \frac{b}{c}$ $\tan\gamma = \frac{c}{b}$

Übung 5

a) 30° b) 84,26° c) 71,57°

Übung 6

a)

a	b	c	α	β
4 cm	5,7 cm	7 cm	35°	55°
8,6 cm	4,2 cm	9,6 cm	64°	26°
6,1 cm	2 cm	6,4 cm	27°	18°

b)

a	b	c	α	γ
5,1 cm	8,1 cm	6,3 cm	39°	51°
5,2 cm	7,9 cm	6 cm	41°	49°
4 cm	5 cm	3,1 cm	52°	38°

c)

a	b	c	β	γ
9,2 cm	4,8 cm	8,2 cm	27°	63°
5 cm	4,8 cm	1,4 cm	74°	16°
12 cm	9,1 cm	7,9 cm	49°	41°

Übung 7

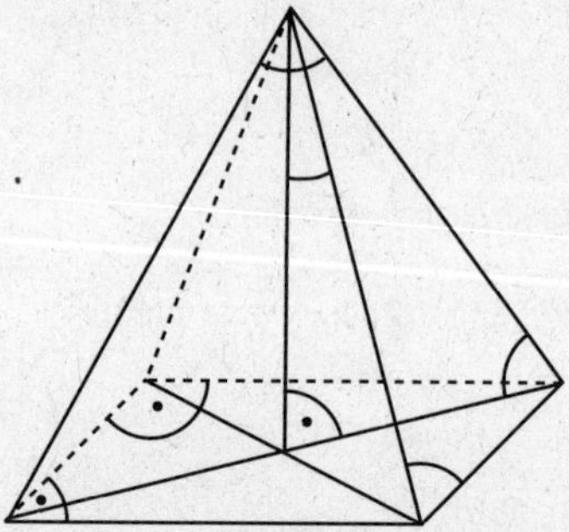

Übung 8

a) $h_c = b \cdot \sin\alpha$

b) $a = e \cdot \sin\beta$, $d = e \cdot \cos\beta$, $a = d \cdot \tan\beta$

c) $f = 2a \cdot \cos\left(\frac{\alpha}{2}\right)$

d) $\sin\beta = \frac{d}{2a}$, $d = 2h \cdot \tan\beta$

Übung 9

$\sin\alpha$	0,4	0,436	0,75
$\cos\alpha$	0,917	0,9	0,661

Übung 10

1a) $\sin\alpha = \sin(180° - \alpha)$
1b) $\cos\alpha = -\cos(180° - \alpha)$
1c) $\sin\alpha = \cos(90° - \alpha)$
2a) $\sin\alpha = -\sin(180° + \alpha)$
2b) $\cos\alpha = -\cos(180° + \alpha)$
2c) $\sin\alpha = -\cos(90° + \alpha)$
3a) $\sin\alpha = -\sin(360° - \alpha)$
3b) $\cos\alpha = \cos(360° - \alpha)$
3c) $\sin\alpha = -\cos(270° - \alpha)$

6.2 Sinussatz und Kosinussatz

Übung 1

a) $\frac{\sin\varphi}{\sin\lambda} = \frac{w}{v}$ $\quad \frac{\sin\varphi}{\sin\gamma} = \frac{w}{u}$ $\quad \frac{\sin\gamma}{\sin\lambda} = \frac{u}{v}$

b) $v^2 = u^2 + w^2 - 2uw\cos\tau$
$u^2 = v^2 + w^2 - 2vw\cos\mu$
$w^2 = u^2 + v^2 - 2uv\cos\varepsilon$

Übung 2

a) $a \approx 4{,}7\,\text{cm}$; $b \approx 6{,}2\,\text{cm}$; $\gamma = 65°$
b) $b \approx 5{,}6\,\text{cm}$; $c \approx 8\,\text{cm}$; $\alpha = 105°$

Übung 3

a) $a \approx 7{,}6\,\text{cm}$; $\beta \approx 68°$; $\gamma \approx 60°$
b) $c \approx 7{,}4\,\text{cm}$; $\alpha \approx 49°$; $\beta \approx 73°$

Übung 4

a) $\alpha \approx 47°$; $\beta \approx 63°$; $\gamma \approx 70°$
b) $\alpha \approx 81°$; $\beta \approx 37°$; $\gamma \approx 62°$

Übung 5

a) $c \approx 3{,}7\,\text{cm}$; $\beta \approx 42°$; $\gamma \approx 43°$
b) $a \approx 7{,}9\,\text{cm}$; $\alpha \approx 52°$; $\gamma \approx 49°$

Übung 6

a) $d = \sqrt{(a^2 + b^2)} = 5$ (Länge der Diagonalen)

$$a^2 = \left(\frac{d}{2}\right)^2 + \left(\frac{d}{2}\right)^2 - 2\left(\frac{d}{2}\right)^2 \cos\alpha$$

$$a^2 = 2\left(\frac{d}{2}\right)^2 (1 - \cos\alpha)$$

$$\cos\alpha = 1 - \left(\frac{2a^2}{d^2}\right)$$

$$\alpha = \text{arc cos}\left(1 - \left(\frac{2a^2}{d^2}\right)\right) \approx 73{,}7°$$

b) $e = \sqrt{(a^2 + b^2 + c^2)} = \sqrt{50}$ (Länge der Raumdiagonalen)

$$b^2 = \left(\frac{e}{2}\right)^2 + \left(\frac{e}{2}\right)^2 - 2\left(\frac{e}{2}\right)^2 \cos\beta$$

$$b^2 = 2\left(\frac{e}{2}\right)^2 (1 - \cos\beta)$$

$$\beta = \text{arc cos}\left(1 - \frac{2b^2}{e^2}\right) \approx 50{,}2°$$

Übung 7

$$a^2 = \left(\frac{f}{2}\right)^2 + \left(\frac{e}{2}\right)^2 - 2\left(\frac{e}{2}\right)\left(\frac{f}{2}\right)\cos\varphi \text{ (Kosinussatz)}$$

$$4a^2 = e^2 + f^2 - 2ef\cos\varphi$$

$$\varphi = \text{arc cos}\left(\frac{(4a^2 - e^2 - f^2)}{(-2ef)}\right) \approx 41{,}4°$$

6.3 Trigonometrie in der Physik

Übung 1

Normalkraft ≈ 422,9 N

Übung 2

$R \approx 169{,}3$ N

Test Kapitel 6

Übung 1

$\sin \alpha = -\cos(270° - \alpha)$

Übung 2

a) $\frac{\sin \mu}{\sin \beta} = \frac{k}{m}$ $\qquad \sin \mu = \frac{k}{m} \sin \beta$

$\mu = \arcsin\left(\frac{k}{m} \sin \beta\right)$

$\mu = \arcsin\left(\frac{8}{6} \sin 42°\right) \approx 63{,}15°$

b) $x^2 = y^2 + z^2 - 2yz \cos \varphi$

$x^2 = 7^2 + 5^2 - 2 \cdot 5 \cdot 7 \cdot \cos 30° = 13{,}38$

$x \approx 3{,}66$

Übung 3

Kosinussatz:

$x^2 = (5\,\text{kN})^2 + (7\,\text{kN})^2 - 2 \cdot 5\,\text{kN} \cdot 7\,\text{kN} \cdot \cos 130°$

$x^2 \approx 119\,\text{kN}^2$

$x \approx 10{,}9\,\text{kN}$

Die Gesamtkraft beträgt ca. 10,9 kN.

Übung 4

a) $\cos \varphi = \frac{\sqrt{2}a}{\sqrt{3}a} = \sqrt{\frac{2}{3}} \Rightarrow \varphi = \text{arc co}\sqrt{\frac{2}{3}} = 35{,}3°$

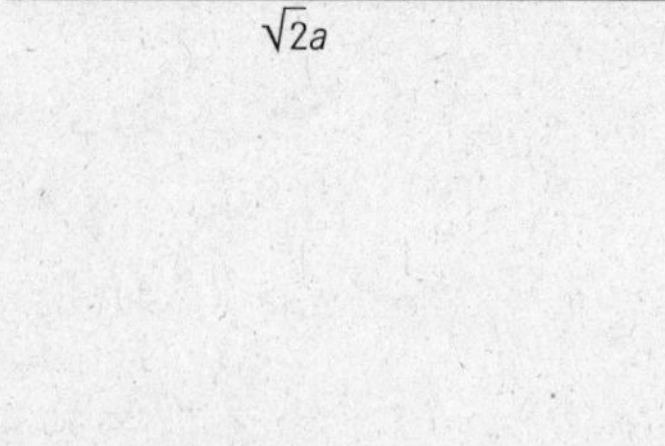

b)

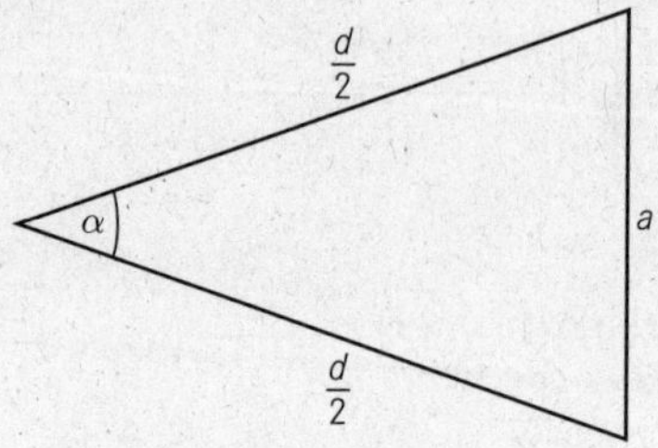

Kosinussatz:

$a^2 = \left(\frac{d}{2}\right)^2 + \left(\frac{d}{2}\right)^2 - 2\left(\frac{d}{2}\right)\left(\frac{d}{2}\right)\cos \alpha$

$a^2 = 2\left(\frac{d}{2}\right)^2 - 2\left(\frac{d}{2}\right)^2 \cos \alpha$

$a^2 = 2\left(\frac{d}{2}\right)^2 (1 - \cos \alpha)$

$a^2 = 2\,\frac{d^2}{4}(1 - \cos \alpha)$

$a^2 = \frac{d^2}{2}(1 - \cos \alpha)$ $\quad$ mit $d = \sqrt{3}a$ folgt

$a^2 = \frac{3a^2}{2}(1 - \cos \alpha) \mid : \frac{3a^2}{2}$

$\frac{2}{3} = (1 - \cos \alpha)$

$\cos \alpha = \frac{1}{3}$

$\alpha \approx 70{,}5°$

Der Winkel zwischen Flächendiagonale und Raumdiagonale beträgt 35,3°, der Winkel zwischen den beiden Raumdiagonalen beträgt 70,5°.

7.1 Vierfeldertafeln

Übung 1

	Schwimmer	Nichtschwimmer	Summe
Mädchen	713	415	1 128
Jungen	688	472	1 160
Summe	1 401	887	2 288

Übung 2

a)

	A	nicht *A*	insgesamt
B	3	6	9
nicht *B*	9	8	17
insgesamt	12	14	26

b)

B	12 %	13 %	25 %
nicht *B*	18 %	57 %	75 %
insgesamt	30 %	70 %	100 %

Übung 3

	Vereinsmitglied	nicht Vereinsmitglied	insgesamt
Junge	11	2	13
Mädchen	14	3	17
insgesamt	25	5	30

In der Klasse sind insgesamt 30 Schüler. 5 Schüler sind nicht Mitglied in einem Sportverein.

Übung 4

	über 60	bis 60	insgesamt
Männer	12 %	35 %	47 %
Frauen	18 %	35 %	53 %
insgesamt	30 %	70 %	100 %

Der Anteil der jüngeren Frauen an der Einwohnerzahl beträgt 35 %.

Übung 5

Geschlecht \ Wahlfach	Kunst	Musik	insgesamt
Jungen	2	6	8
Mädchen	10	2	12
insgesamt	12	8	20

$\frac{\text{Jungen/Kunst}}{\text{Künstler}} = \frac{2}{12} = \frac{1}{6}$ $\frac{\text{Mädchen/Kunst}}{\text{Künstler}} = \frac{10}{12} = \frac{5}{6}$

$\frac{\text{Jungen/Musik}}{\text{Musiker}} = \frac{6}{8} = \frac{3}{4}$ $\frac{\text{Mädchen/Musik}}{\text{Musiker}} = \frac{2}{8} = \frac{1}{4}$

Offensichtlich ist hier die Wahl vom Geschlecht nicht unabhängig: Im Kunst-Kurs ist der Anteil der Mädchen höher, im Musik-Kurs der Anteil der Jungen.

Übung 6

	rot-grün-blind	nicht rot-grün-blind	Summe
weiblich	21	4 839	4 860
männlich	187	4 953	5 140
Summe	208	9 792	10 000

0,43 % der Frauen und 3,64 % der Männer sind rot-grün-blind.

Übung 7

	Leserin		nicht Leserin			
Über 40	0,128	32	0,132	33	0,26	65
Unter 40	0,672	168	0,068	17	0,74	185
	0,8	200	0,2	50	1	250

a) – c) Der Anteil der Leserinnen bei den Frauen über 40 betrug 12,8 %, unter den jüngeren Leserinnen 67,2 %. Die Zeitschrift spricht eher jüngere Frauen an.

7.2 Drei Formeln zur Wahrscheinlichkeit/ Der Satz von Bayes

Übung 1

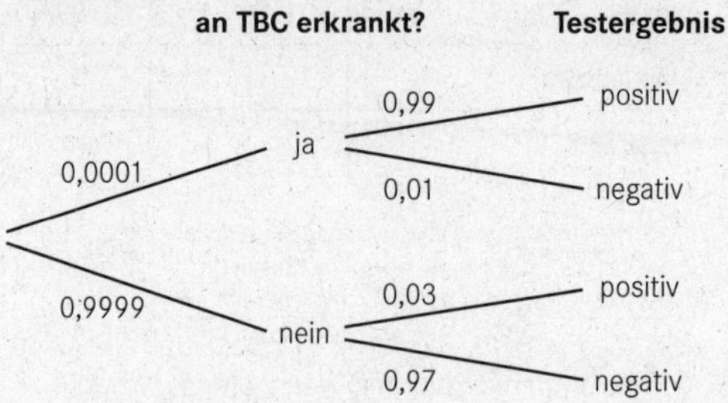

$$p = \frac{0{,}0001 \cdot 0{,}99}{0{,}0001 \cdot 0{,}99 + 0{,}9999 \cdot 0{,}03}$$

$\approx 3{,}3 \cdot 10^{-3} \approx 0{,}3\,\%$

Tatsächlich erkrankt sind also nur 0,3 % der positiv getesteten Personen.

Übung 2

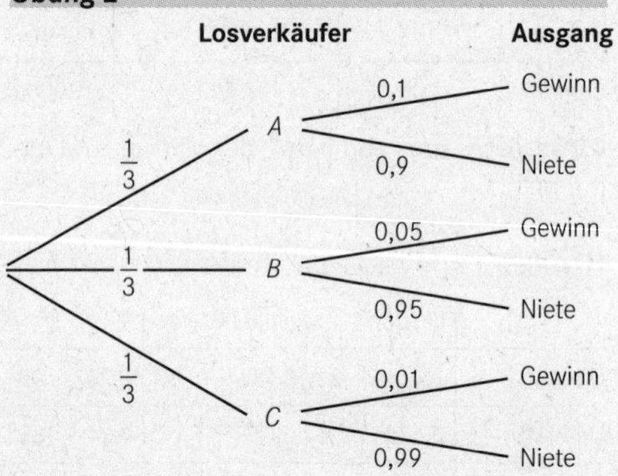

$$p(A\,|\,\text{Niete}) = \frac{0{,}9 \cdot \frac{1}{3}}{0{,}9 \cdot \frac{1}{3} + 0{,}95 \cdot \frac{1}{3} + 0{,}99 \cdot \frac{1}{3}} \approx 0{,}317$$

$$p(B\,|\,\text{Niete}) = \frac{0{,}95 \cdot \frac{1}{3}}{0{,}9 \cdot \frac{1}{3} + 0{,}95 \cdot \frac{1}{3} + 0{,}99 \cdot \frac{1}{3}} \approx 0{,}335$$

$$p(C\,|\,\text{Niete}) = \frac{0{,}99 \cdot \frac{1}{3}}{0{,}9 \cdot \frac{1}{3} + 0{,}95 \cdot \frac{1}{3} + 0{,}99 \cdot \frac{1}{3}} = 0{,}349$$

Test Kapitel 7

Übung 1

a)	blond	nicht blond	Summe
Junge	0,32	0,08	0,4
Mädchen	0,48	0,12	0,6
Summe	0,8	0,2	1

b)	Junge	Mädchen	Summe
Schwimmer	$\frac{1}{8}$	$\frac{1}{2}$	$\frac{5}{8}$
Nichtschwimmer	$\frac{1}{4}$	$\frac{1}{8}$	$\frac{3}{8}$
Summe	$\frac{3}{8}$	$\frac{5}{8}$	1

Übung 2

	spielt ein Instrument	spielt kein Instrument	Summe
Junge	5	8	13
Mädchen	9	7	16
Summe	14	15	29

9 Mädchen lernen ein Instrument.
In der Klasse sind insgesamt 29 Schülerinnen und Schüler.

Übung 3

	Fischer	Töpfer	Summe
Männer	$\frac{2}{5} = 40\,\%$	$\frac{1}{5} = 20\,\%$	$\frac{3}{5} = 60\,\%$
Frauen	$\frac{3}{10} = 30\,\%$	$\frac{1}{10} = 10\,\%$	$\frac{2}{5} = 40\,\%$
Summe	70 %	30 %	100 %

Der Anteil der Stimmen, die Ortwin Fischer von Frauen bekommen hat, beträgt 30 %.
Fischer gewann die Wahl mit 70 % aller Stimmen.

Zu den Seiten 107–108

Übung 4

	Raucher	Nichtraucher	Summe
Männer	36	54	90
Frauen	44	66	110
Summe	80	120	200

$\frac{\text{Anzahl der männlichen Raucher}}{\text{Anzahl der Männer}} = \frac{36}{90} = 0{,}4$

$\frac{\text{Anzahl der weiblichen Raucher}}{\text{Anzahl der Frauen}} = \frac{44}{110} = 0{,}4$

Das Rauchverhalten ist vom Geschlecht unabhängig.

Übung 5

a) $p(\text{weiß}) = \frac{1}{3} \cdot \frac{8}{10} + \frac{1}{3} \cdot \frac{5}{10} + \frac{1}{3} \cdot \frac{3}{10} = \frac{8}{15}$

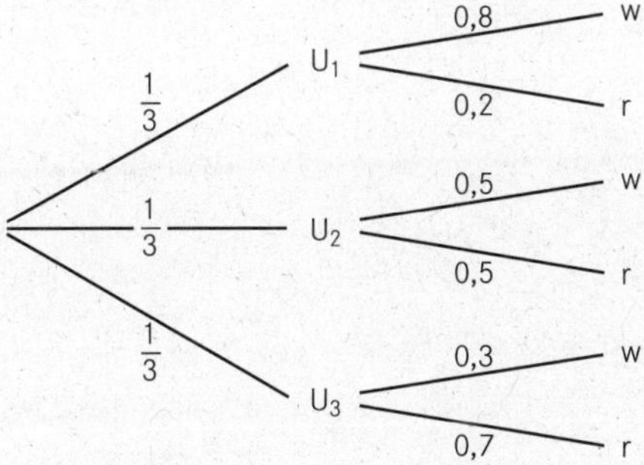

b) $p = \frac{\text{Anteil der günstigen Fälle}}{\text{Anteil der möglichen Fälle}} = \frac{\frac{8}{10} \cdot \frac{1}{3}}{\frac{8}{15}} = 0{,}5$

Übung 6

a) $p = \frac{0{,}05 \cdot 0{,}97}{0{,}05 \cdot 0{,}97 + 0{,}95 \cdot 0{,}07} = 0{,}42 \approx 42\,\%$

b) $p = \frac{0{,}95 \cdot 0{,}93}{0{,}95 \cdot 0{,}93 + 0{,}05 \cdot 0{,}03} = 0{,}998 \approx 99{,}8\,\%$

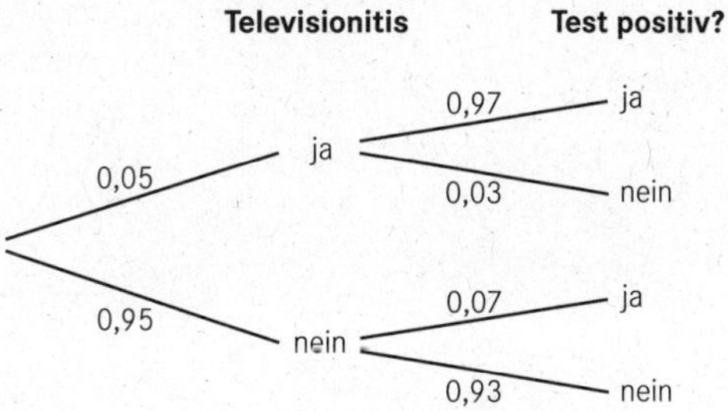

www.cornelsen.de

Dieser Band folgt den Regeln der deutschen Rechtschreibung, die seit August 2006 gelten.

5.	4.	3.	2.	1.	Die letzten Ziffern bezeichnen
13	12	11	10	09	Zahl und Jahr der Auflage.

Printed in Poland
ISBN 978-3-589-22757-0

Gedruckt auf säurefreiem Papier,
umweltschonend hergestellt aus chlorfrei gebleichten Faserstoffen.

Liebe Schülerin, lieber Schüler,

dieser Band der Reihe Besser in Mathematik hilft dir, deine Kenntnisse im Fach Mathematik zu verbessern. Du kannst gezielt Stoff nachholen und wiederholen, um sicherer zu werden!
Zu allen Bereichen des Mathematikunterrichts sind kleine Aufgaben angeboten, mit denen du selbstständig arbeiten kannst.
Die Schwerpunkte sind:

- Definitionen und Regeln kennen und anwenden,
- Aufgaben strukturieren und strategisch bearbeiten,
- Diagramme und Formeln erstellen und interpretieren,
- Zusammenhänge begründen und überprüfen.

Die Texte und die Aufgaben in diesem Buch sind so ausgewählt und zusammengestellt, dass dir die Bearbeitung möglichst leichtfällt.

Tipps

- Lege dir ein **eigenes Arbeitsheft** zu, in das du schreibst.
- Bist du dir beim Lösen der Übungsaufgaben nicht ganz sicher, sieh dir die Beispiele noch einmal genau an.
- Vergleiche deine Ergebnisse mit dem Lösungsheft.
  Überprüfe bei Fehlern immer genau, was du falsch gemacht hast. Verbessere Fehler.
- Am Ende eines jeden Kapitels kannst du in einem kleinen Test überprüfen, ob du den Stoff nun beherrschst. Wenn nicht, bearbeite die entsprechenden Aufgaben in einigen Tagen noch einmal.

Viel Spaß und Erfolg beim Lernen!

1 QUADRATISCHE FUNKTIONEN

Was du schon können musst:

▷ mithilfe der binomischen Formeln eine Summe in ein Produkt verwandeln

Darum geht es

- beurteilen, wie bestimmte Veränderungen im Funktionsterm einer quadratischen Funktion den Graphen dieser Funktion verändern
- aus der Gleichung einer quadratischen Funktion von der Form $y = ax^2 + bx + c$ den Verlauf des Graphen der Funktion skizzieren
- zu einem vorgegebenen Graphen einer quadratischen Funktion die passende Gleichung finden
- einfache Extremwertprobleme lösen

Info

Du benötigst einen technisch-wissenschaftlichen Taschenrechner.

1.1 Die Taste x^2 auf dem Taschenrechner

Darum geht es

Dein technisch-wissenschaftlicher Taschenrechner hat außer den Eingabetasten für die Zahlen [1], [2], [3] usw. und den Tasten für die Grundrechenarten [+], [−] usw. eine Reihe von sogenannten Funktionstasten wie z. B. [sin], [log], [LN] usw.
Eingabe → Funktionstaste → Ausgabe

Wenn du die Bedeutung und die Anwendung einiger dieser „Funktionen“ noch nicht kennst, sind die Tasten für dich „schwarze Kästen“ oder „black boxes“, die zu jedem Eingabewert einen Ausgabewert erzeugen.
Der Einfachheit halber heißen die Eingabewerte auch „x-Werte“, die Ausgabewerte heißen „y-Werte“, die Funktionstaste oder Funktion heißt „f“:
$x \rightarrow$ [f] $\rightarrow y$ *oder* $y = f(x)$; Sprechweise: „y ist der Funktionswert von x.“

Die Funktionstaste x^2

Du kannst bei dieser Taste systematisch ausprobieren, welche Ausgabewerte bei einzelnen Eingabewerten erscheinen; dann schreibst du die Werte in einer Zuordnungstabelle auf. Du könntest auch Zwischenwerte, z. B. 2,71 oder −0,683, eingeben.

$y = x^2$

Eingabe	x	−3	−2	−1	0	+1	+2	+3
Ausgabe	y	9	4	1	0	1	4	9

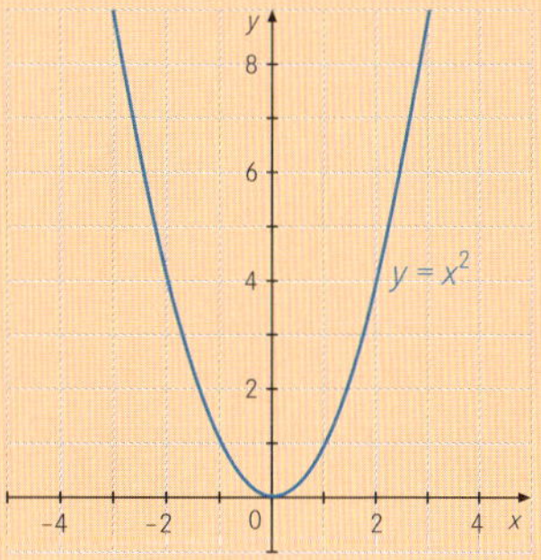

Um die Zuordnung in dieser Tabelle zu veranschaulichen, kannst du die Wertepaare nun im Koordinatensystem darstellen. Wenn du die Punkte miteinander verbindest, entsteht eine Kurve, der sogenannte Funktionsgraph.

Die Normalparabel

Diese Kurve ist gewissermaßen der „Fingerabdruck" der Funktionstaste x^2 im Koordinatensystem; man nennt diese spezielle Kurve auch „Normalparabel". Wenn du diesen Graphen zeichnen willst, kannst du auch eine Parabelschablone benutzen.

1 **Ergänze die Tabelle zur Funktion $y = x^2$.**

x	1,8	−0,12	−3,9	−11,35
y		0,144		

1.2 Beispiele quadratischer Funktionen

Julia:
Heute habe ich folgende Mathe-Hausaufgabe: Zu Quadraten mit Seitenlängen von 1 cm bis 4 cm soll ich den Flächeninhalt ausrechnen und das Diagramm dieser Zuordnung zeichnen. Die Gleichung der Zuordnung ist $A = a^2$.

Christopher:
Wir haben in Physik den freien Fall untersucht: Wie viel Meter fällt ein Gegenstand in 1, 2, 3 usw. Sekunden? Die Gleichung für den freien Fall heißt übrigens $s = 5t^2$, wenn du den Weg s in Metern und die Zeit t in Sekunden misst.

Herr Engel:
Für die Feststellung der Geschwindigkeit eines Autos aus dem Bremsweg gibt es Tabellen und Diagramme. Die Gleichung, mit der ich den Bremsweg s bei der Geschwindigkeit v ausrechnen kann, ist $s = 0{,}006v^2$.

a	1	2	3	4
A	1	4	9	16

t	1	2	3	4
s	5	20	45	80

v	20	40	60	80
s	2,4	9,6	21,6	38,4

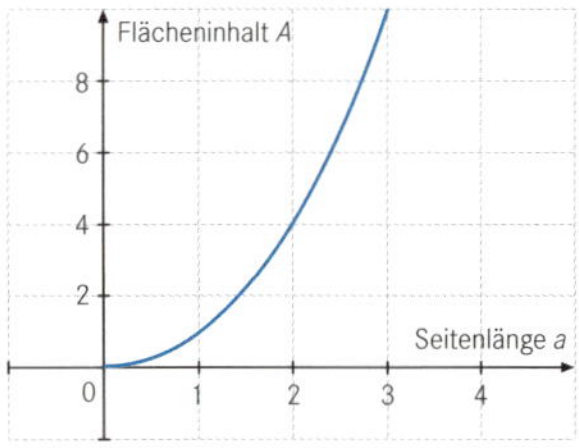

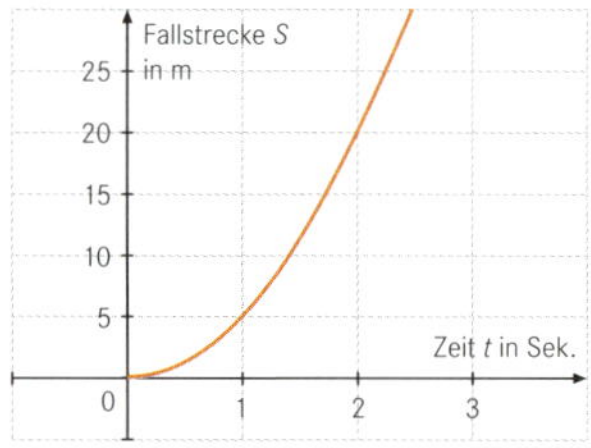

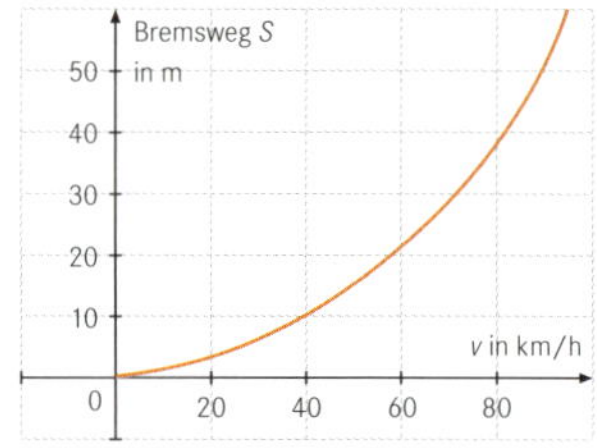

Die Kurven ähneln offenbar der Normalparabel $y = x^2$, die du im ersten Abschnitt gezeichnet hast. Die Gleichung der Zuordnung in Julias Hausaufgabe heißt $A = a^2$; hier ist also nur y durch A und x durch a ersetzt. Da aber die Länge a keine negativen Werte annehmen kann, hat Julia nur eine „halbe Parabel" gezeichnet.
Die Gleichung zu Christophers Diagramm heißt nicht nur $s = t^2$, sondern $s = 5t^2$; sie enthält also noch den Faktor 5. Bei Herrn Engel findest du vor der Variablen v^2 noch den Faktor 0,006. Da es weder Zeiten noch Geschwindigkeiten mit Vorzeichen „minus" gibt, sind auch die Kurven bei Christopher und Herrn Engel nur „halbe" Parabeln.

1.3 Verschiebungen der Normalparabel

Verschiebungen in Richtung einer Achse

Darum geht es

In diesem Abschnitt geht es speziell um die Funktion mit der Gleichung $y = x^2$. Wie verändert sich dieser *Graph,* wenn du bestimmte Veränderungen an der *Funktionsgleichung* $y = x^2$ vornimmst?

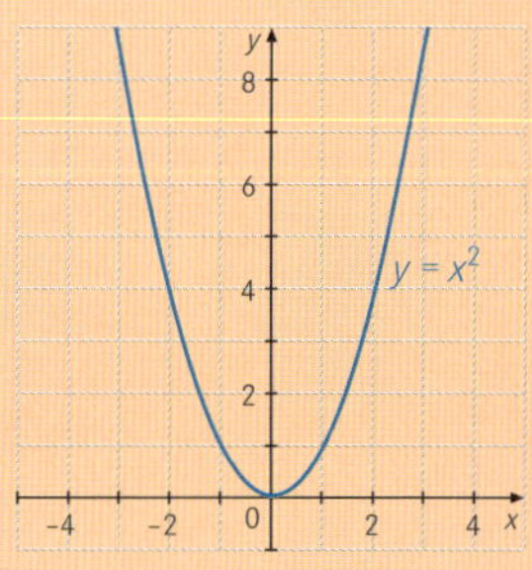

Erinnere dich

Eine ähnliche Fragestellung kennst du auch schon von „linearen Funktionen":
Die einfachste lineare Funktion ist die Funktion $y = x$.
Du kannst nun an dieser Gleichung kleine Veränderungen vornehmen und beobachten, wie sich dadurch der Graph verändert.

Beispiele:

$y = x$

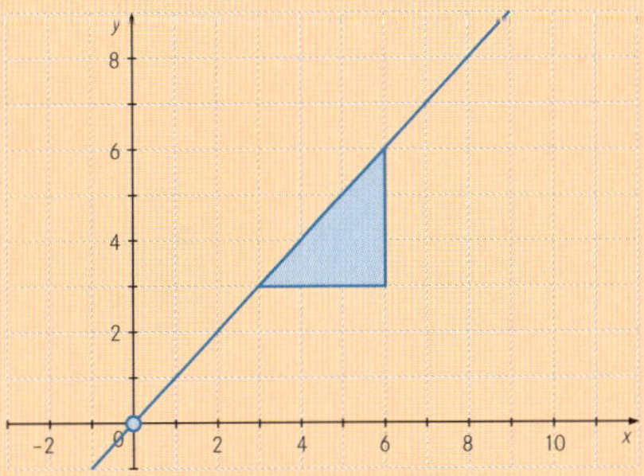

$y = 2x$

hier ändert sich die **Steigung** der Geraden

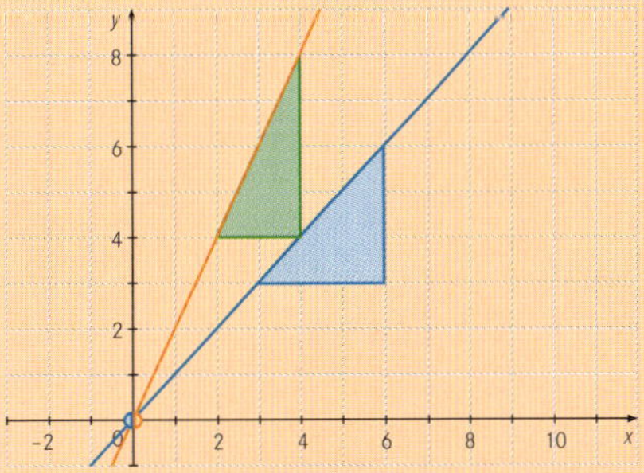

$y = x + 3$

hier ändert sich der **Schnittpunkt mit der *y*-Achse**

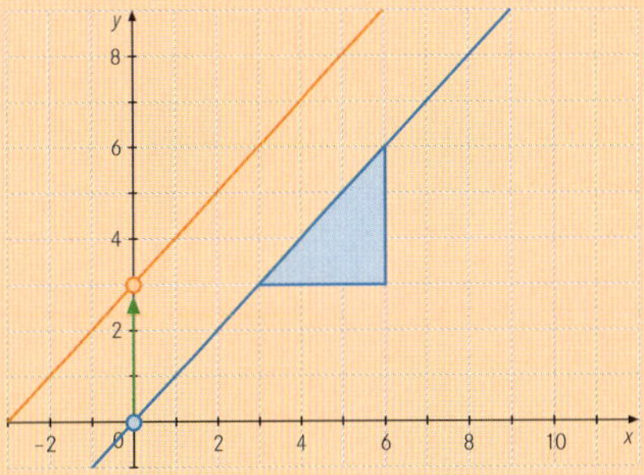

$y = 2x + 3$

hier ändern sich **Steigung und Achsenschnittpunkt**

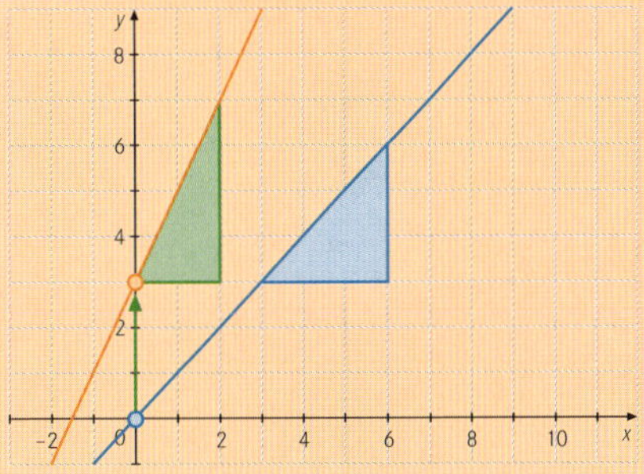

Info

Ähnliches gilt für die Normalparabel $y = x^2$.
Das sollst du im Folgenden untersuchen.

1 **Zeichne den Graphen der Funktion $y = x^2 + 3$ für $-3 \leq x \leq 3$. Lege eine Tabelle an.**

x	-3	-2	-1	0	1	2	3
x^2		4					
$x^2 + 3$		7					

2 **Zeichne den Graphen der Funktion $y = (x - 3)^2$ für $-1 < x < 6$.**

x	-1	0	1	2	3	4	5	6
$x - 3$	-4	4						
$(x - 3)^2$	16	7						

3 **Zeichne ebenso die Graphen der Funktionen**

a) $y = x^2 - 4$ für $-3 \le x \le 3$ und
b) $y = (x + 2)^2$ für $-5 \le x \le 2$.

Um zu beschreiben, wie sich die Lage der Normalparabel $y = x^2$ verändert, wenn du den Term veränderst, sind hier die vier Graphen aus den letzten Aufgaben in ein gemeinsames Übersichtsbild gezeichnet.

Verschiebungen der Normalparabel

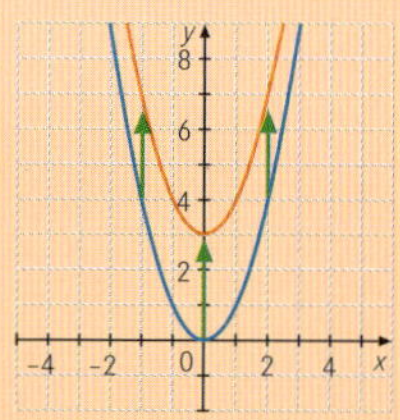

$y = x^2 + 3$

Verschiebung um 3 Einheiten nach „oben"

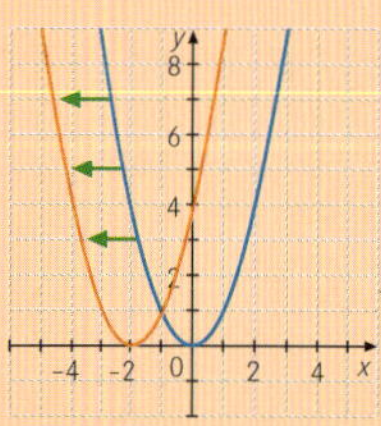

$y = (x + 2)^2$

Verschiebung um 2 Einheiten nach „links"

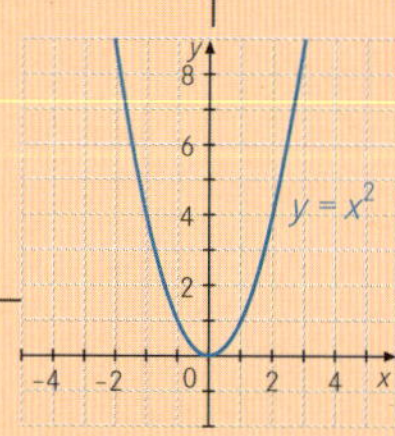

Verschiebung um 3 Einheiten nach „rechts"

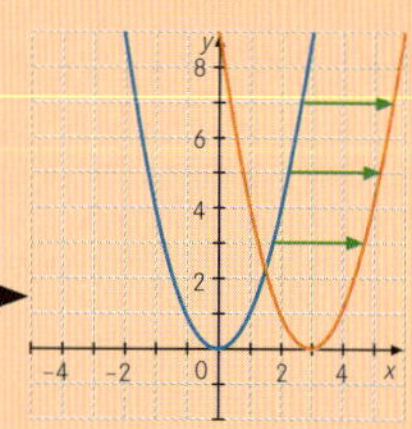

$y = (x - 3)^2$

Verschiebung um 4 Einheiten nach „unten"

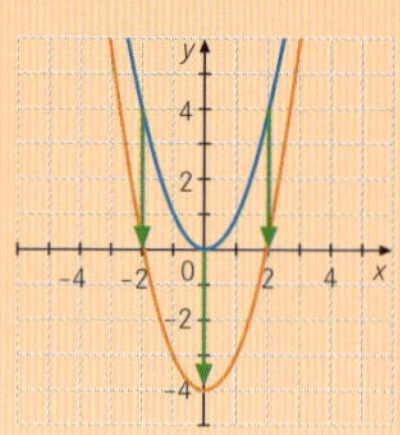

$y = x^2 - 4$

Diese Veränderungen am Term bewirken also beim Graphen der Funktion **Verschiebungen.** Du kannst diese Beobachtungen verallgemeinern: Seien *a* und *b* positive reelle Zahlen, dann gilt:

Regel

$y = x^2 + a$

↑ um *a* Einheiten nach oben

$y = (x + b)^2$ ← um *b* Einheiten nach links — $y = x^2$ — um *b* Einheiten nach rechts → $y = (x - b)^2$

↓ um *a* Einheiten nach unten

$y = x^2 - a$

Verkettung von Verschiebungen

Info

Du kannst auch **zwei** Verschiebungen miteinander verbinden oder miteinander „verketten".

Beispiel: Wenn du die Normalparabel zuerst um 3 Einheiten nach rechts und diese verschobene Parabel danach um 1 Einheit nach unten verschiebst, lautet die Gleichung der neuen Parabel: $y = (x - 3)^2 - 1$.

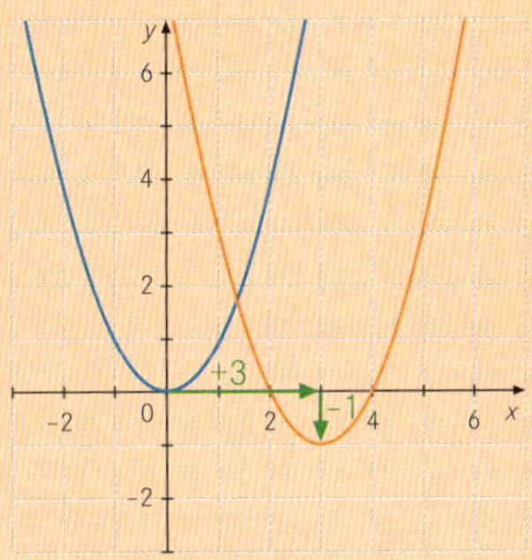

Übersicht über mögliche Verkettungen von Verschiebungen

Verschiebung um
4 Einheiten nach oben

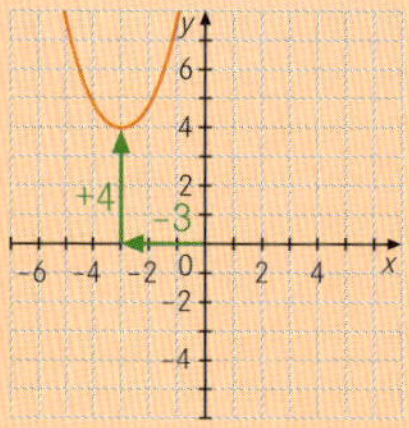

$y = (x + 3)^2 + 4$

Verschiebung um
3 Einheiten nach links

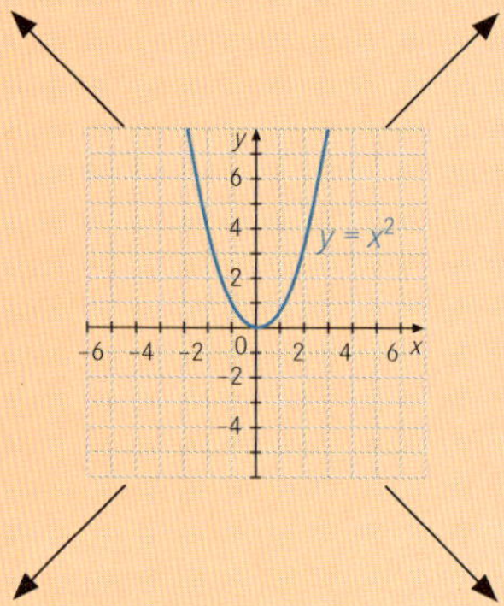

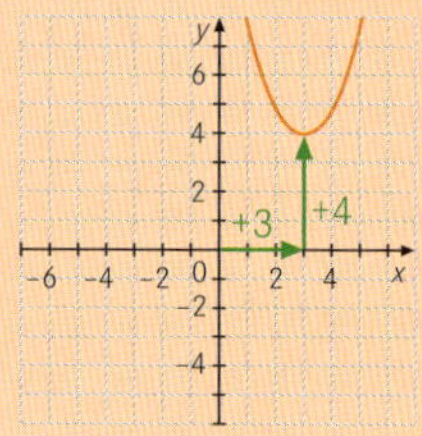

$y = (x - 3)^2 + 4$

Verschiebung um
3 Einheiten nach rechts

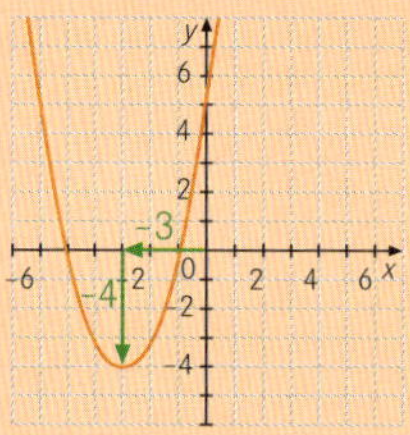

$y = (x + 3)^2 - 4$

Verschiebung um
4 Einheiten nach unten

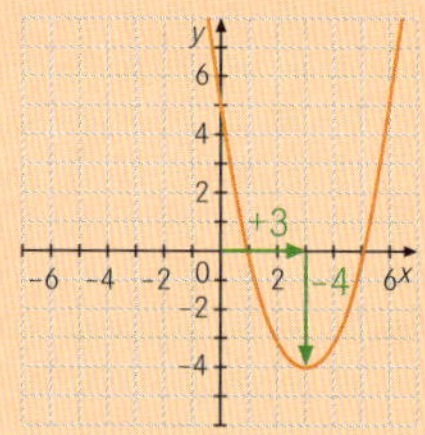

$y = (x - 3)^2 - 4$

Umgekehrt kannst du aus der Gleichung einer Parabel in dieser Form auch leicht die Verschiebungen ablesen, wenn sie aus der Normalparabel hervorgegangen ist.

Beispiel: $y = (x + 2)^2 + 5$

Verschiebung ... um 2 Einheiten nach links ... um 5 Einheiten nach oben.

Info

Manchmal musst du – mithilfe der binomischen Formeln – den Funktionsterm zuerst etwas umformen, bevor du ablesen kannst, welche Verschiebungen auf die Normalparabel angewendet werden.

Beispiel: $y = x^2 + 6x + 9 \quad \Leftrightarrow \quad y = (x + 3)^2$

Hier liegt eine Verschiebung der Normalparabel um 3 Einheiten nach links vor.

4 Verschiebungen der Normalparabel

Schreibe auf, durch welche Abbildungen der Graph aus der Normalparabel entsteht.

Beispiel: $y = (x + 1)^2$: Verschiebung um 1 Einheit nach links

a) $y = x^2 - 3$ b) $y = (x - 3)^2$ c) $y = (x + 6)^2 - 4$

d) $y = x^2 + 6x + 9$ e) $y = x^2 - 2x + 1$ f) $y = x^2 + 3x + 1{,}75$

5 Funktionsgleichungen bestimmen

Schreibe die Gleichungen der abgebildeten Funktionen auf. Lies dazu ab, um wie viele Einheiten sie jeweils in x- und in y-Richtung verschoben worden sind.

a)

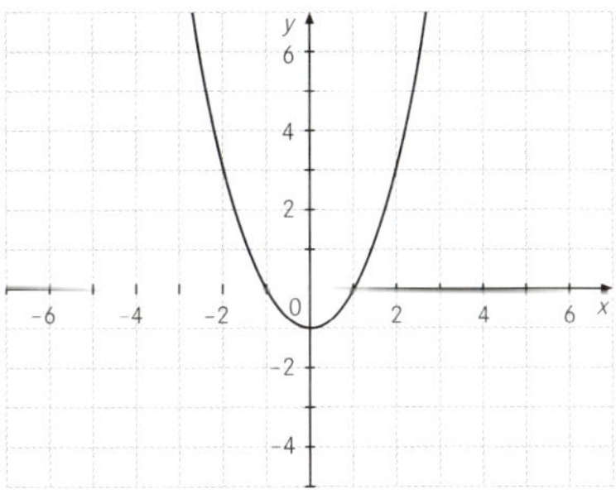

b)

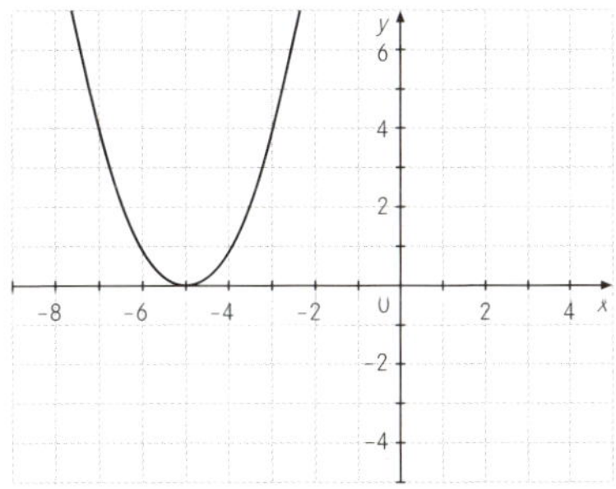

c)

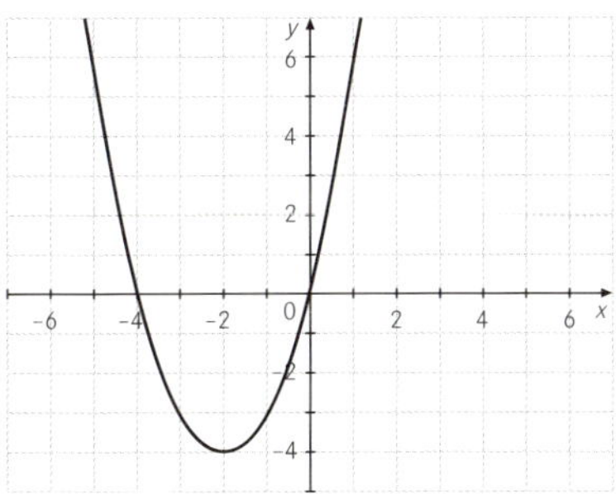

d)

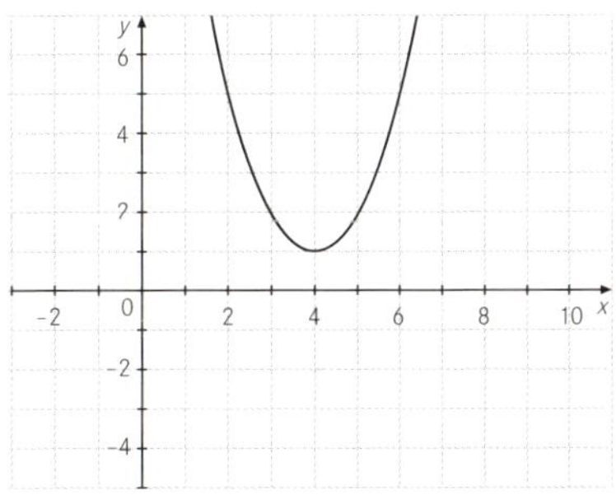

6 Zeichne mithilfe einer Parabelschablone die Graphen der Funktionen.

a) $y = x^2 - 5$ b) $y = x^2 + 1$ c) $y = (x - 6)^2$

d) $y = (x + 2)^2$ e) $y = (x - 2)^2 + 4$ f) $y = (x + 3)^2 - 5$

7 Terme umformen und Graphen zeichnen

Forme die Gleichung zuerst mithilfe der 1. bzw. 2. binomischen Formel um und zeichne dann mithilfe der Parabelschablone den Graphen.

a) $y = x^2 - 4x + 4$ b) $y = x^2 + 6x + 9$ c) $y = x^2 - 5x + 6{,}25$

„Scheitelpunkt" der Normalparabel

Darum geht es

Am einfachsten kannst du die Verschiebung einer Parabel an ihrem **Scheitelpunkt** ablesen: Der Scheitelpunkt ist bei der Normalparabel der tiefste Punkt der Kurve.

Beispiel: Durch Verschiebung um 2 nach rechts und um 5 nach unten wandert der Scheitelpunkt von (0 | 0) zum Punkt (2 | – 5).
Die Funktion $y = (x - 2)^2 - 5$ hat also den Scheitelpunkt $S(2 \mid -5)$.
Du kannst die Gleichung $y = (x - 2)^2 - 5$ auch ohne Klammern schreiben:
$y = (x - 2)^2 - 5 = x^2 - 4x + 4 - 5 = x^2 - 4x - 1$.
Die erste Form der Gleichung hat allerdings den Vorteil, dass du daraus direkt den Scheitelpunkt ablesen kannst. Diese Form heißt deshalb auch die **Scheitelpunktform** der Parabelgleichung.

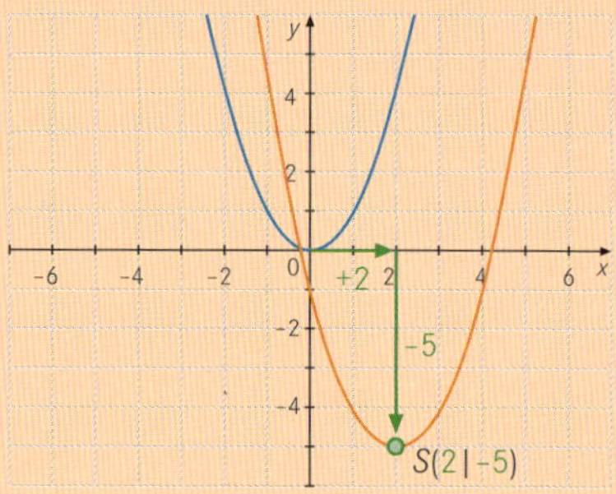

Regel

Wenn eine Parabel durch Verschiebung der Normalparabel um *a* Einheiten in *x*-Richtung und um *b* Einheiten in *y*-Richtung entsteht, hat sie den Scheitelpunkt $S(a \mid b)$.
Die Gleichung der Parabel in der Scheitelpunktform lautet
$y = (x - a)^2 + b$.

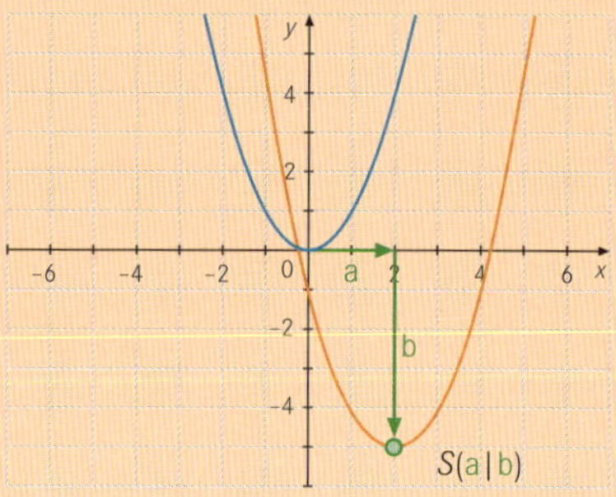

8 **Parabelgleichung aufstellen**
Eine Parabel entsteht durch Verschiebungen aus der Normalparabel und hat den Scheitelpunkt (4 | – 2). Zeichne die Parabel und gib ihre Gleichung an.

Scheitelpunktform und binomische Formeln

Beispiele

Bestimme die Scheitelpunkte der folgenden quadratischen Funktionen.

1. $y = x^2 - 2x + 1$ 2. $y = x^2 - 6x + 9$ 3. $y = x^2 - 2x$ 4. $y = x^2 - 6x + 7$

Um den Scheitelpunkt ablesen zu können, musst du die Gleichungen auf die „Scheitelpunktform“ bringen. Dazu kannst du in den ersten beiden Beispielen sofort die passenden binomischen Formeln benutzen:

Beispiel 1: $y = x^2 - 2x + 1 = (x - 1)^2 = (x - 1)^2 + 0$ Scheitelpunkt: $S(1\,|\,0)$

Beispiel 2: $y = x^2 - 6x + 9 = (x - 3)^2 = (x - 3)^2 + 0$ Scheitelpunkt: $S(3\,|\,0)$

Bei den Beispielen 3 und 4 „passen“ die Zahlen offenbar nicht: Du kannst die Summe nicht ohne weiteres mithilfe einer binomischen Formel in einen Potenzterm verwandeln.

Hier wendest du deshalb den folgenden Trick an: Durch gleichzeitiges Addieren und Subtrahieren derselben Zahl gelingt es, einen Term zu erzeugen, auf den du eine binomische Formel anwenden kannst:

Beispiel 3:
$$\begin{aligned} y &= x^2 - 2x \\ &= (x^2 - 2x + 1) - 1 \\ &= (x - 1)^2 - 1 \\ &= (x - (+1))^2 + (-1) \end{aligned}$$

Scheitelpunkt: $S(+1\,|\,-1)$

Beispiel 4:
$$\begin{aligned} y &= x^2 + 6x + 7 = \\ &= (x^2 + 6x + 7 + 2) - 2 \\ &= (x^2 + 6x + 9) - 2 \\ &= (x + 3)^2 - 2 \\ &= (x - (-3))^2 + (-2) \end{aligned}$$

Scheitelpunkt: $S(-3\,|\,-2)$

9 Bestimme die Scheitelpunkte der folgenden quadratischen Funktionen:

a) $y = x^2 + 8x + 16$ b) $y = x^2 - 10x + 25$ c) $y = x^2 + 8x + 15$ d) $y = x^2 - 10x + 12$

„Ein Fachgespräch“

Julia: „Ich hab was Komisches festgestellt. Ist doch wirklich merkwürdig: Bei $y = x^2 + 2$ wird die Normalparabel **nach oben** zu positiven y-Werten verschoben; bei $y = (x + 2)^2$ wird **nach links** zu negativen x-Werten verschoben.“

Christopher: „Was lernen wir daraus? Man muss ganz schön aufpassen, ob eine Klammer dasteht oder nicht.“

10 Parabeln zeichnen

Zeichne die Graphen der quadratischen Funktionen jeweils zusammen in ein Diagramm.

a) $y = x^2 + 4$ und $y = (x + 4)^2$ b) $y = (x - 3)^2$ und $y = x^2 - 3$

1.4 Streckungen, Stauchungen, Spiegelungen der Normalparabel

Einzelne Streckungen, Stauchungen und Spiegelungen

Beispiele:

Zeichne die Graphen der Funktionen im Bereich $-3 \leq x \leq +3$.

a) $y = 2x^2$ b) $y = 0{,}25x^2$ c) $y = -x^2$

Die Lösungen dieser Aufgabe sind hier in einer Übersicht dargestellt. Du sollst daran erkennen, wie sich der Graph der Normalparabel verändert, wenn du die Faktoren 2; 0,25 und − 1 in die Gleichung der Funktion einfügst.

Streckung, Stauchung, Spiegelung der Normalparabel

Durch den Faktor 2 wird der Abstand aller Punkte der Parabel von der x-Achse verdoppelt, also mit 2 multipliziert. Insgesamt wird die Parabel gestreckt.

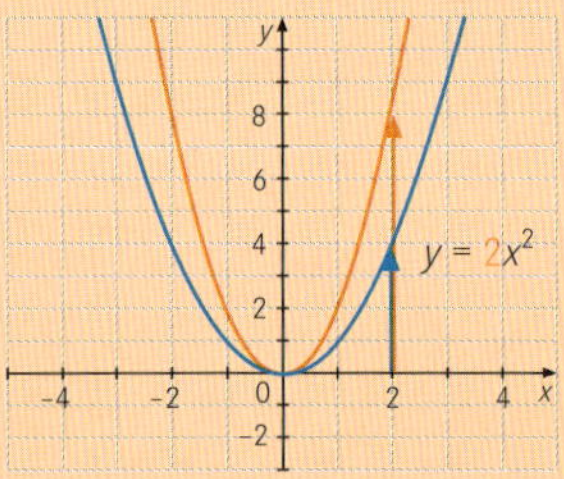

Streckung um den Faktor 2 in y-Richtung

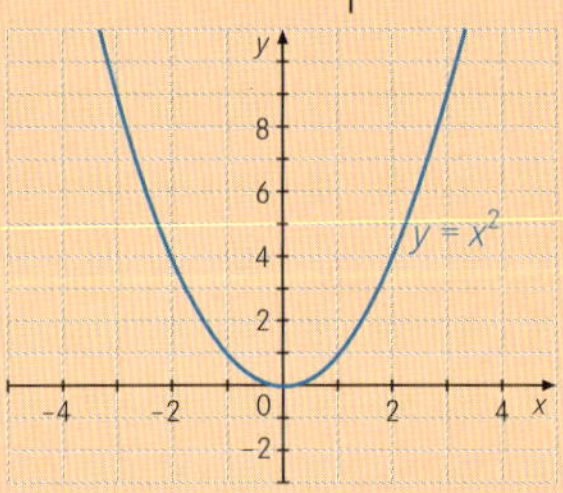

Spiegelung an der x-Achse

$y = -x^2$

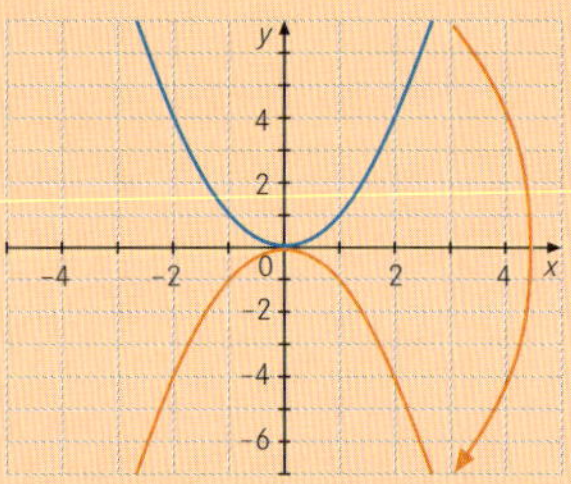

Stauchung um den Faktor 0,25 in y-Richtung

Durch den Faktor (− 1) werden alle Punkte an der x-Achse gespiegelt.

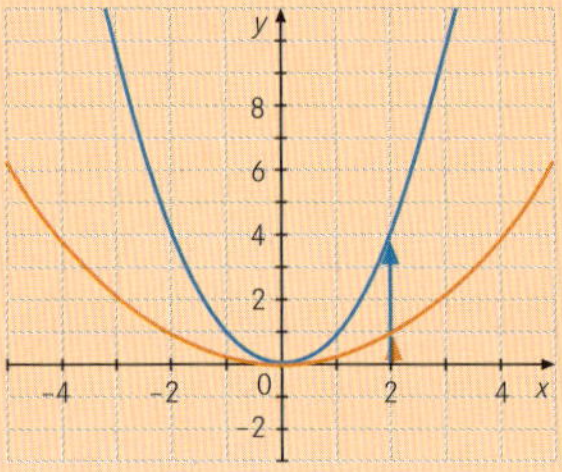

$y = 0{,}25x^2 = \frac{1}{4}x^2$

Durch den Faktor 0,25 verkleinert sich der Abstand aller Punkte von der x-Achse auf ein Viertel. Insgesamt wird die Parabel gestaucht.

Verkettung von Streckung, Stauchung und Spiegelung

Info

Wie du *Verschiebungen* miteinander verketten kannst, so kannst du auch eine *Streckung* (oder *Stauchung*) und eine *Spiegelung nacheinander* ausführen, also miteinander verketten.
Beispiel: Wenn du eine Stauchung um den Faktor 0,25 mit einer Spiegelung an der x-Achse verkettest, hat die neue Funktion dann die Gleichung $y = (-1) \cdot (0{,}25) \cdot x^2$ bzw. $y = -0{,}25x^2$.

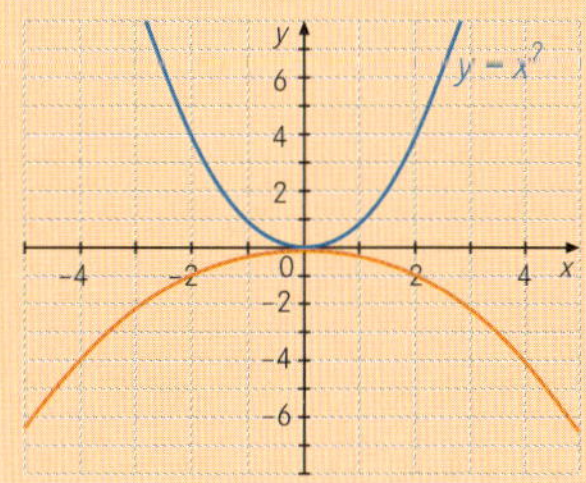

Beispiel

Bestimme jeweils die Gleichung der orangen Parabel.
Damit du den Streck- oder Stauchfaktor berechnen kannst, wählst du dir am besten eine Stelle aus, an der möglichst die zugehörigen Punkte beider Parabeln auf Gitterpunkten des Koordinatensystems liegen und damit leicht abzulesen sind.

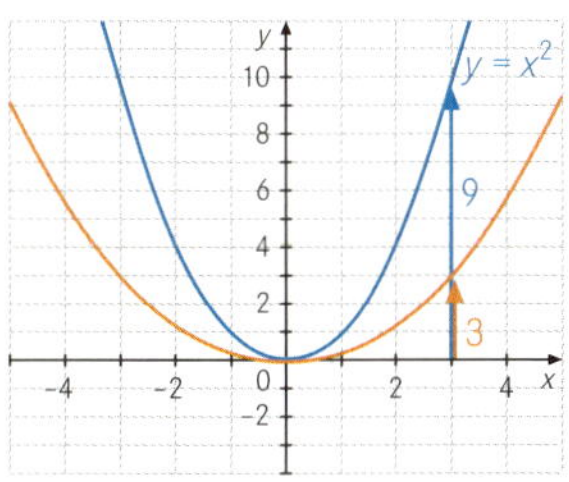

Stauchung um den Faktor $\frac{3}{9} = \frac{1}{3}$, also: $y = \frac{1}{3}x^2$

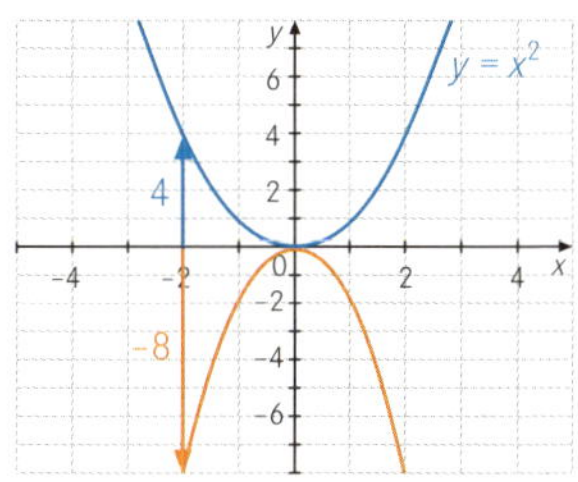

Streckung um den Faktor $\frac{8}{4} = 2$ und Spiegelung, also: $y = -2x^2$

1 Untersuchung von Graphen

Gib an, ob die Graphen der folgenden Funktionen nach oben oder nach unten geöffnet sind. Gib außerdem an, durch welche Abbildung(en) der Graph jeweils aus der Normalparabel entsteht.

a) $y = 2{,}5x^2$ b) $y = 0{,}8x^2$ c) $y = -1{,}5x^2$ d) $y = -0{,}9x^2$

2 **Bestimme jeweils die Gleichung der orangen Parabel.**

a)
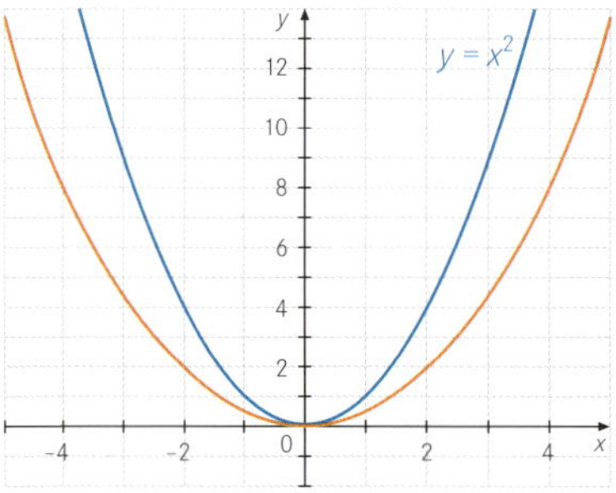

b)
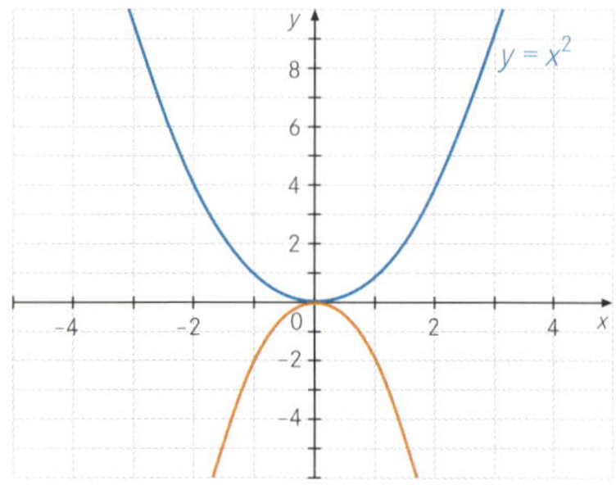

3 **Skizziere jeweils den Graphen der Funktion.**

a) $y = 3x^2$ b) $y = \frac{1}{3}x^2$ c) $y = -\frac{1}{3}x^2$

4 **Der Brückenbogen**

Im Scheitelpunkt des parabelförmigen Brückenbogens liegt der Ursprung des Koordinatensystems. Beschreibe den Verlauf des Brückenbogens mit einer quadratischen Gleichung.

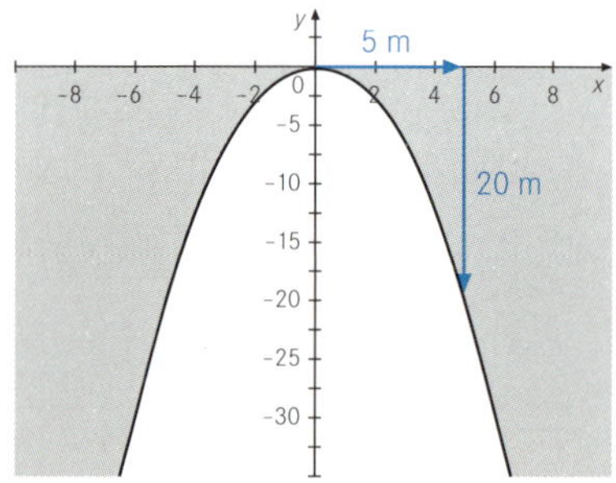

Darum geht es

Du hast bereits gelernt, wie sich die Funktionsgleichung verändert, wenn du bei der Normalparabel Verschiebungen in *x*- und in *y*-Richtung miteinander verbindest. Jetzt betrachten wir ein Beispiel, bei dem Verschiebungen mit einer Streckung bzw. Stauchung verkettet werden.

Verkettung von Streckung bzw. Stauchung und Verschiebung

Im folgenden Beispiel werden die einzelnen Abbildungen, die miteinander verkettet werden sollen, schrittweise nacheinander ausgeführt:

1. Streckung um den Faktor 2
2. Verschiebung um 3 Einheiten nach rechts
3. Verschiebung um 4 Einheiten nach unten

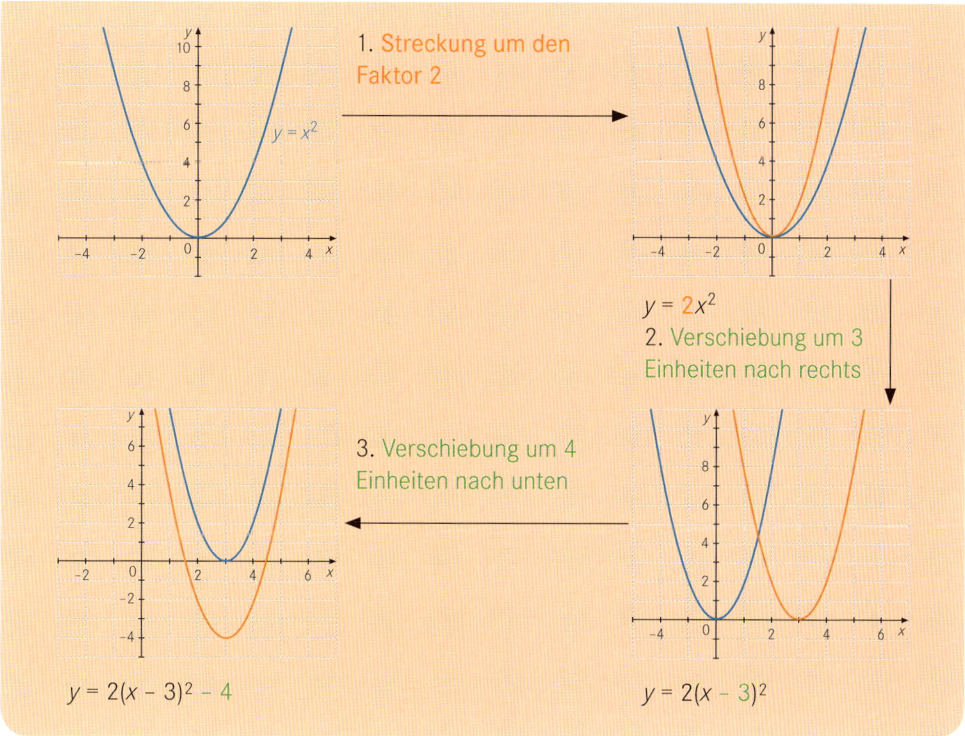

An diesem Beispiel siehst du, wie du die Veränderungen im Graphen und in der Funktionsgleichung einander zuordnen kannst:

$$y = 2\,(x - 3)^2 - 4$$

Streckung um den den Faktor 2

Verschiebung um 3 Einheiten nach rechts

Verschiebung um 4 Einheiten nach unten

Regel

Du kannst aus dieser Funktionsgleichung auch sofort den **Scheitelpunkt** der Parabel ablesen:

$$y = 2\,(x - 3)^2 + (-4)$$

$$S(3\,|\,-4)$$

Damit kannst du jetzt zu jeder Parabel, die durch die Abbildungen Streckung, Stauchung, Spiegelung und Verschiebung aus der Normalparabel hervorgegangen ist, die Funktionsgleichung finden.

Beispiel

Die gesuchte Funktion hat ihren Scheitelpunkt bei $S(2|-3)$. Die verschobene Normalparabel ist als Hilfe hier noch eingezeichnet.
Die gesuchte Parabel ist gestaucht. Um den Stauchfaktor zu ermitteln, wählst du außer dem Scheitelpunkt einen zweiten geeigneten Gitterpunkt aus. Gehst du bei der verschobenen Normalparabel vom Scheitelpunkt aus 2 Einheiten nach rechts, so liegt der zugehörige Punkt $4 = 2^2$ Einheiten darüber. Bei der gesuchten Parabel liegt der zugehörige Punkt aber nur 1 Einheit darüber. Der Stauchfaktor ist also $\frac{1}{4}$.
Somit hat die Parabel die Gleichung $y = \frac{1}{4}(x - 2)^2 + (-3)$.

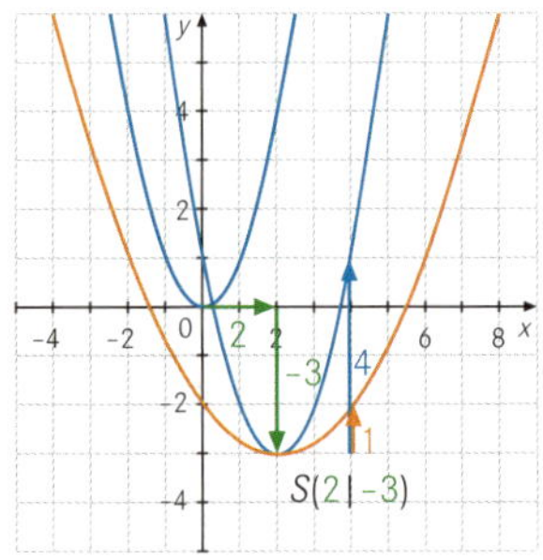

Stauchfaktor — Scheitelpunktkoordinaten

Du kannst den Term auf der rechten Seite auch noch auflösen, d. h. in eine Summe verwandeln und erhältst:
$y = \frac{1}{4}(x^2 - 4x + 4) - 4 \quad \Leftrightarrow \quad y = \frac{1}{4}x^2 - x + 1 - 4 \quad \Leftrightarrow \quad y = \frac{1}{4}x^2 - x - 3.$

Info

Diese letzte Form der Parabelgleichung heißt Normalform. Die allgemeine Darstellung der Normalform lautet:
$y = ax^2 + bx + c$, wobei $a \neq 0$; $b, c \in \mathbb{R}$.

5 **Bestimme die Gleichungen der Parabeln in Scheitelpunktform und Normalform.**

a)

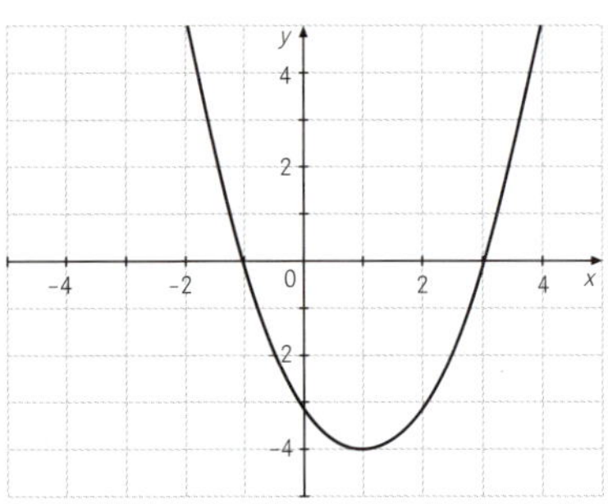

b)

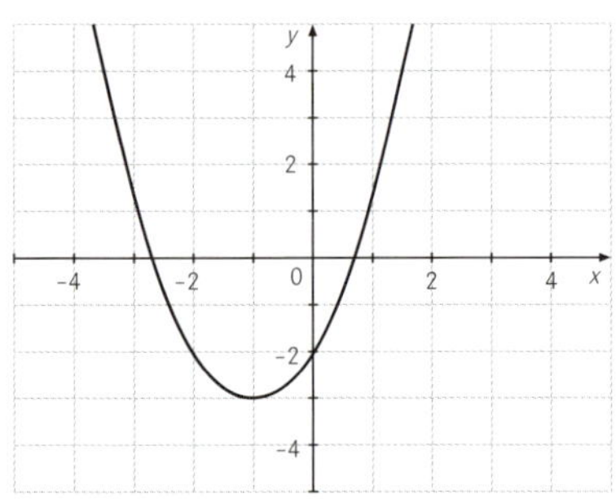

1.5 Verschiedene Aufgaben zu quadratischen Funktionen

Von der Normalform zur Scheitelpunktform

Darum geht es

Manchmal ist eine Parabelgleichung in der **Normalform** angegeben. Um einen raschen Überblick über die Lage der Parabel zu bekommen, kannst du sie in die **Scheitelpunktform** verwandeln. Der Weg von der Normalform zur Scheitelpunktform ist allerdings etwas mühsamer als umgekehrt. Du siehst hier an zwei Beispielen, wie du diese Umwandlung durchführen kannst.

Beispiel 1

$y = -x^2 - 6x - 9$	$\mid \cdot (-1)$	Vorläufiges Beseitigen des Faktors (-1) vor x^2
$-y = x^2 + 6x + 9$		Anwenden der 1. binomischen Formel
$-y = (x + 3)^2$	$\mid \cdot (-1)$	Auflösen nach y
$y = (-1) \cdot (x + 3)^2$		
$y = (-1) \cdot (x - (-3))^2 + 0$		Scheitelpunktform

Die Parabel mit der Gleichung $y = -x^2 - 6x - 9$ hat also den Scheitelpunkt $S(-3\,|\,0)$. Außerdem ist der Graph gegenüber der Normalparabel an der x-Achse gespiegelt, also nach unten geöffnet.

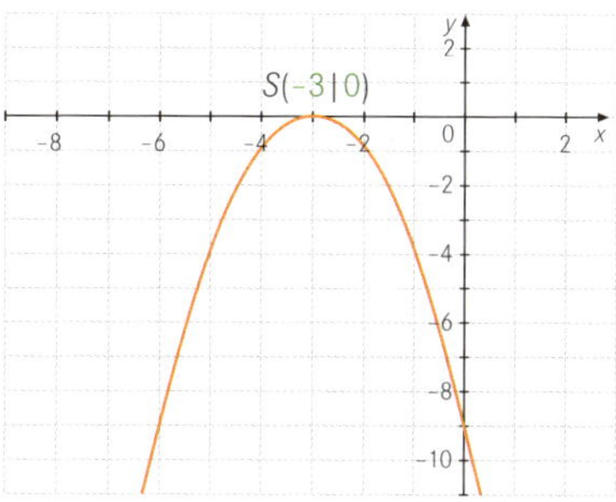

Beispiel 2

$y = \frac{1}{2}x^2 + 3x - 5$	$\mid \cdot (2)$	Vorläufiges Beseitigen des Faktors $\frac{1}{2}$ vor x^2
$2y = x^2 + 6x - 10$	$\mid + 10$	Vorläufiges Beseitigen des Summanden ohne x
$2y + 10 = x^2 + 6x$	$\mid + 9$	Ergänzung zu einem „binomischen Term"[1]
$2y + 10 + 9 = x^2 + 6x + 9$	$\mid$	Anwenden der 1. oder 2. binomischen Formel
$2y + 19 = (x + 3)^2$	$\mid - 19$	Auflösen nach y
$2y = (x + 3)^2 - 19$	$\mid \cdot \frac{1}{2}$	
$y = \frac{1}{2}(x + 3)^2 - 9{,}5$		
$y = \frac{1}{2}(x - (-3))^2 + (-9{,}5)$		(*) Scheitelpunktform

1 Die quadratische Ergänzung zu einem „binomischen Term" findest du, indem du „den halben Faktor von x" quadrierst, also hier $\left(\frac{6}{2}\right)^2 = 9$.

Die Parabel mit der Gleichung $y = \frac{1}{2}x^2 + 3x - 5$ hat also den Scheitelpunkt $S(-3\,|\,-9{,}5)$.
Außerdem ist der Graph nach oben geöffnet und gegenüber der Normalparabel um den Faktor $\frac{1}{2}$ gestaucht.
Das siehst du auf Seite 21 am Faktor $\frac{1}{2}$ in der Gleichung (*).

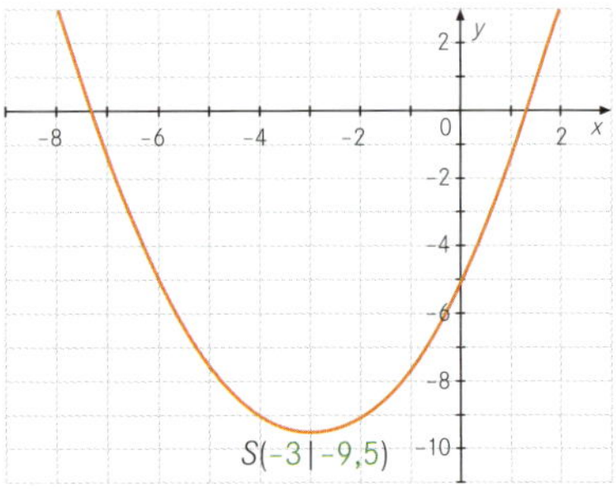

1 **Bestimme die Scheitelpunktform.**

a) $y = \frac{1}{2}x^2 - 3x + 3{,}5$ b) $y = 2x^2 - 8x + 16$ c) $y = -3x^2 + 6x - 1$

Regel

Wenn der **Faktor vor x^2** in der Normalform positiv ist, dann ist die Parabel nach oben geöffnet. Ist der Faktor negativ, ist sie nach unten geöffnet.

Beispiele:

$y = +2x^2 + x - 1$

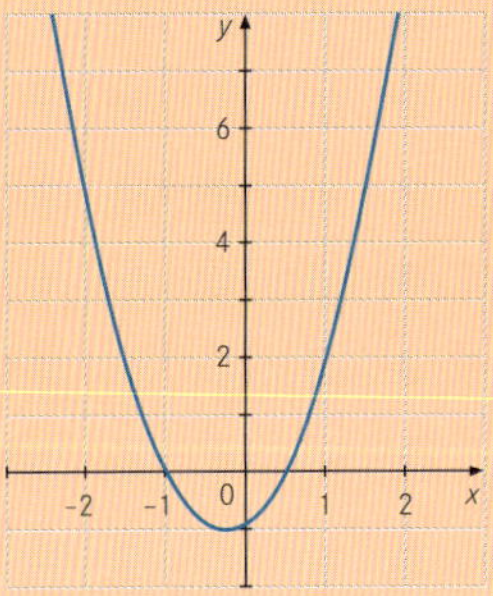

$y = -2x^2 + x - 1$

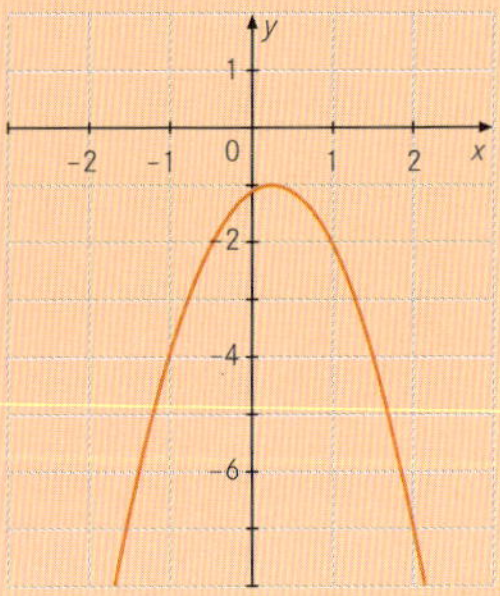

Punktprobe

Rechts ist der Graph der Funktion $y = x^2 + 2x - 5$ im Bereich $-5 < x < 4$ dargestellt. Aus dem Bild kannst du z. B. ablesen, dass der Punkt $A(2\,|\,3)$ auf der Parabel liegt. Wie kannst du feststellen, ob die Punkte $B(6\,|\,43)$ und $C(-7\,|\,31)$ auf der Parabel liegen? Aus dem Bild kannst du das offenbar nicht erkennen, weil die Punkte B und C außerhalb des gezeichneten Bereiches liegen. Wie entscheidet man diese Frage, ohne ein größeres Bild zu zeichnen?

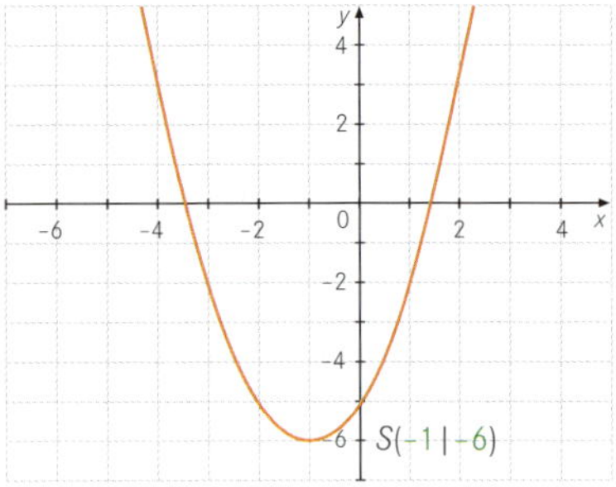

Den Punkt $A(2\,|\,3)$ bekommst du, wenn du für die Funktion eine Wertetabelle anlegst:

x	...	1	2	3	4	...
y	...	–2	3	8	19	...

Die Frage lautet also: Gilt das auch entsprechend für die Punkte B und C?
Das kannst du ausprobieren, indem du jeweils den x-Wert des Punktes in die Funktionsgleichung einsetzt und den zugehörigen y-Wert ausrechnest:

B: $6^2 + 2 \cdot 6 - 5 = 43$ — 43 ist der y-Wert von B; somit liegt $B(6\,|\,43)$ auf der Parabel.

C: $(-7)^2 + 2 \cdot (-7) - 5 = 30 \neq 31$ — Der y-Wert zu $x = -7$ ist 30 und nicht 31; also liegt der Punkt $C(-7\,|\,31)$ *nicht* auf der Parabel.

Info

Wir nennen diesen Test, bei dem man die Koordinatenwerte nachrechnet, „Punktprobe“.

2 **Überprüfe, ob die jeweils angegebenen Punkte auf der Parabel liegen.**

a) $A(1\,|-6)$ und $B(-2\,|\,6)$ $\quad y = x^2 - 3x - 4$
b) $P(2\,|\,8)$ und $Q(-1\,|-2)$ $\quad y = 3x^2 - x - 2$

3 **Wie muss man die Zahl *a* wählen, sodass**

a) der Punkt $P(1\,|\,5)$ auf der Parabel mit der Gleichung $y = x^2 - 3x + a$ liegt?
b) der Punkt $Q(-2\,|\,4)$ auf der Parabel mit der Gleichung $y = ax^2 - 2x + 1$ liegt?

Anwendungen in Sachproblemen: „Extremwertaufgaben“

Beispiel 1

Mit 20 m Maschendrahtzaun soll ein Gehege gebaut werden. Dabei soll die eingezäunte Fläche möglichst groß sein. Wie lang sind die Seiten zu wählen?
Lösung:
Die Seiten des Rechtecks sollen x und y heißen. Es gilt dann die Bedingung $2x + 2y = 20$ oder $x + y = 10$, da die Gesamtlänge des Zauns 20 m beträgt.

Zunächst kannst du systematisch Werte ausprobieren. Für den Flächeninhalt A gilt: $A = x \cdot y$.

Seitenlänge x	0	1	2	3	4	5	6	7	8	9	10
Seitenlänge y	10	9	8	7	6	5	4	3	2	1	0
Flächeninhalt A	0	9	16	21	24	25	24	21	16	9	0

Darum geht es

Offensichtlich wird der Flächeninhalt A besonders groß, wenn die Seitenlänge x genau 5 m beträgt. Damit wäre die Aufgabe durch Probieren eigentlich schon gelöst. Weil du mit Probieren aber nicht immer zum Ziel kommst, lernst du hier noch einen zweiten Weg zur Lösung kennen.

Da in der Tabelle die Werte für A aus den Werten für x und y entstehen, und da die Werte für y aber wiederum von x abhängen, schreibst du nur die Werte für x und A in eine separate zweite Tabelle. Die Werte für y lässt du dabei weg. Die Wertepaare in dieser Tabelle stellst du dann im Koordinatensystem dar.

Seitenlänge x	0	1	2	3	4	5	6	7	8	9	10
Flächeninhalt A	0	9	16	21	24	25	24	21	16	9	0

Stelle die Werte aus der Tabelle im Koordinatensystem dar.

Extremwert bestimmen

Wenn du die Wertepaare aus obiger Tabelle ins Koordinatensystem einträgst, erkennst du, dass die Punkte auf einer Parabel liegen.
Was hat die Parabel nun mit dem Gehege für die Kaninchen zu tun?
Der *Scheitelpunkt* dieser Parabel liefert dir die Antwort auf die anfangs gestellte Frage, denn am Scheitelpunkt der Parabel ist der Wert des Flächeninhalts maximal.
Die Aufgabenstellung lautet also nun:

1. Finde die Gleichung der Parabel.
2. Bestimme den Scheitelpunkt der Parabel.

Zu Beispiel 1

Es gelten folgende Gleichungen:

(I) $A = x \cdot y$ Diese Gleichung heißt **Hauptbedingung,** da sie den Flächeninhalt enthält, der maximal werden soll.

(II) $x + y = 10$ Diese Gleichung heißt **Nebenbedingung.**

Du kannst nun die Nebenbedingung nach y auflösen und den Term für y in die Hauptbedingung einsetzen:

(II) $y = 10 - x \quad \Rightarrow \quad A = x(10 - x) \quad \Rightarrow$

(III) $A = -x^2 + 10x$ Diese Gleichung heißt **Zielfunktion.**

Die **Zielfunktion** (III) musst du nun auf Scheitelpunktform bringen, um den Scheitelpunkt ablesen zu können:

$A = -x^2 + 10x$ | $\cdot (-1)$

$-A = x^2 - 10x$ | $+ 25$

$-A + 25 = x^2 - 10x + 25$ | 2. binomische Formel

$-A + 25 = (x - 5)^2$ | -25

$-A = (x - 5)^2 - 25$ | $\cdot (-1)$

$A = -(x - 5)^2 + 25$

Die Parabel hat den Scheitelpunkt $S(5\,|\,25)$.

Das bedeutet: Wenn die Seitenlänge x 5 m beträgt, wird der Flächeninhalt maximal mit $A_{max} = 25\,m^2$. Die Seitenlänge y beträgt dann $y = 10\,m - 5\,m = 5\,m$.

Beispiel 2

Wie ändert sich die Lösung, wenn das Gehege an einer Seite an eine Wand angebaut wird? (Diese Aufgabe kannst du jetzt ohne Probieren lösen.)

(I) Hauptbedingung: $A = x \cdot y$

(II) Nebenbedingung: $2x + y = 20$

(III) Zielfunktion: $A = x(20 - 2x)$

$A = -2x^2 + 20x$

Tipp Du solltest zur Übung nachrechnen, dass diese Funktion die folgende Scheitelpunktform hat: $A = -2(x - 5)^2 + 50$.

Der Scheitelpunkt dieser Funktion liegt dann bei $S(5\,|\,50)$. Das bedeutet, dass der Flächeninhalt des Geheges maximal $A = 50\,m^2$ beträgt, wenn für die Seitenlänge $x = 5\,m$ gilt. Die andere Seite hat dann die Länge $y = 20\,m - 2 \cdot 5\,m = 10\,m$.

Beispiel 3

Aus einer dreieckigen Glasscheibe soll eine rechteckige Glasscheibe mit möglichst großem Flächeninhalt herausgeschnitten werden. Wie muss man die Seiten a und b wählen?

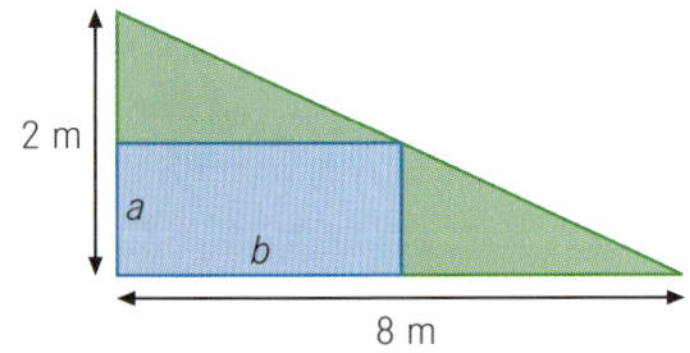

Tipp Du kannst die Aufgabe anders formulieren. Die dreieckige Scheibe legst du dazu in ein Koordinatensystem.

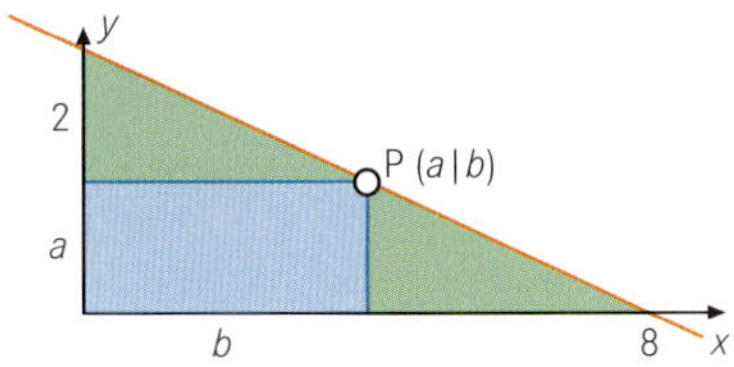

Durch die schräge Kante ist eine Gerade mit der Steigung $m = -\frac{2}{8} = -\frac{1}{4}$ und dem Ordinatenschnittpunkt 2 festgelegt. Die Gerade hat also die Gleichung $y = -\frac{1}{4}x + 2$. Auf der Geraden liegt der Eckpunkt $P(a \mid b)$ der gesuchten rechteckigen Glasscheibe.

Die Aufgabe heißt nun: Wo muss der Punkt $P(a \mid b)$ auf der Geraden $y = -\frac{1}{4}x + 2$ liegen, damit das Rechteck unterhalb der Geraden den größtmöglichen Flächeninhalt hat?

(I) **Hauptbedingung:** $A = a \cdot b$, da der Flächeninhalt des Rechtecks maximal werden soll.

(II) **Nebenbedingung:** $a = -\frac{1}{4}b + 2$, da der Punkt P auf der Geraden liegt, und die Werte a und b somit die Gleichung erfüllen.

(III) **Zielfunktion:** $A = b\left(-\frac{1}{4}b + 2\right)$ bzw. $A = -\frac{1}{4}b^2 + 2b$ durch Einsetzen von (II) in (I)

Rechne zur Übung nach, dass die Scheitelpunktform dieser Funktion die Gestalt hat: $A = -\frac{1}{4}(b - 4)^2 + 4$.

Man erhält den größtmöglichen Flächeninhalt, wenn die Seite $b = 4\,\text{m}$ und die Seite $a = \left(-\frac{1}{4}\right) \cdot 4 + 2 = 1$ Meter lang ist.

4 **Welches aller Rechtecke vom Umfang 30 cm hat den größten Flächeninhalt?**

5 **Maximale Dreiecksfläche**

Eine Gerade schneide die Koordinatenachsen an den Stellen a und b, wobei gelten soll: $a + 2b = 2\ (0 < a < 2;\ 0 < b < 1)$.
Wie sind a und b zu wählen, damit der Flächeninhalt des Dreiecks maximal wird, das die Gerade und die beiden Koordinatenachsen miteinander einschließen?

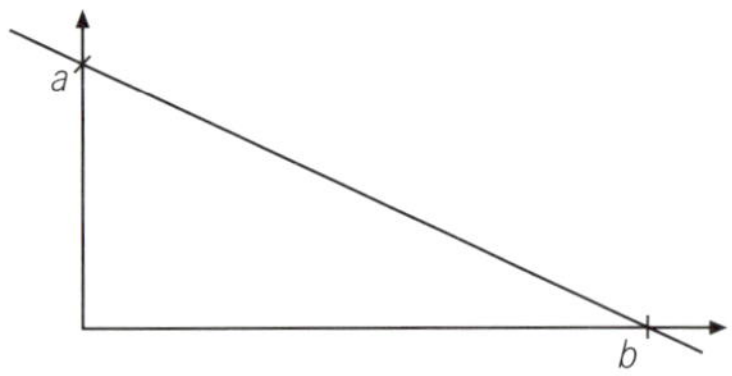

Test Kapitel 1

1 Gib an, durch welche Abbildungen der Graph der angegebenen Funktion aus der Normalparabel hervorgeht. |4|

a) $y = (x - 2)^2 + 3$ b) $y = -(x + 1)^2 - 0{,}5$

2 Bestimme die Gleichungen der abgebildeten quadratischen Funktionen in der Scheitelpunktform. |6|

a)
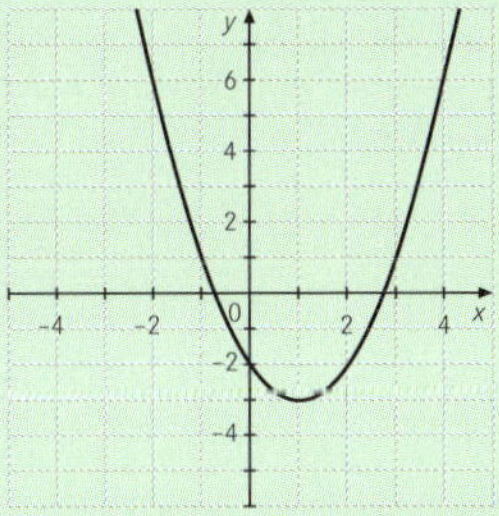

b)
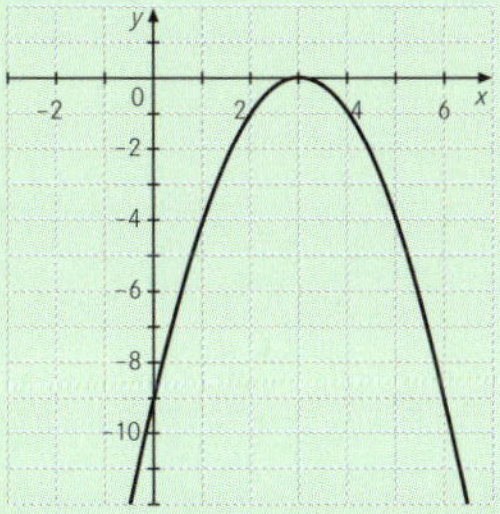

c)
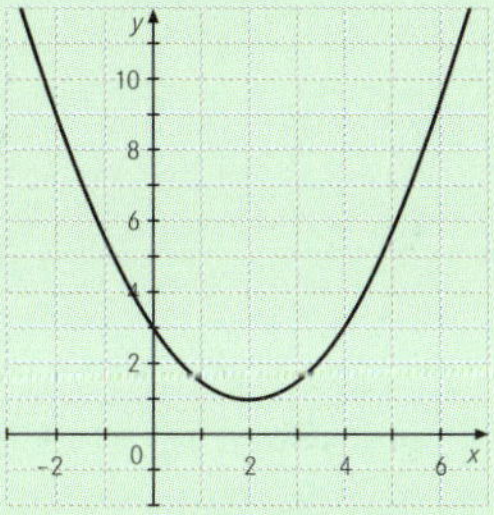

3 Bestimme den Scheitelpunkt der Parabel $y = x^2 + 8x + 9$. |3|

4 Der Wurf |6|

Von einem Turm wird ein Stein schräg abwgeworfen. Seine Flugbahn wird durch die Gleichung $y = -0{,}1x^2 + 2x + 30$ beschrieben (x und y in Metern). Bestimme aus der Gleichung die Abwurfhöhe und die Koordinaten des Gipfelpunktes.

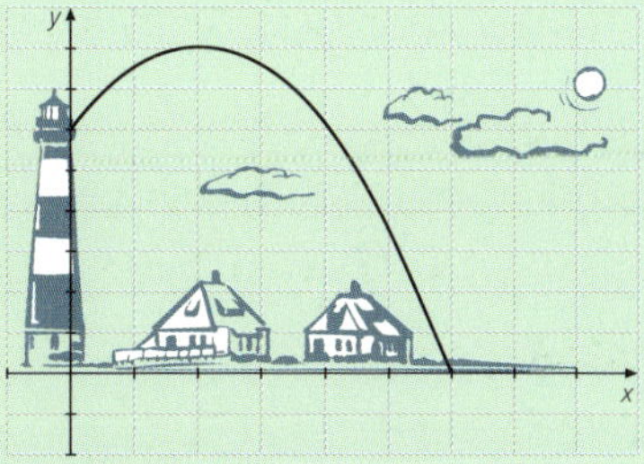

5 Welche Koordinaten hat der Scheitelpunkt der Parabel $y = bx^2 + 2ax$? |6|

6 Maximales Dreieck |7|

Durch den Punkt $P(x\,|\,y)$ auf der Geraden g mit $y = -2x + 16$ ist ein rechtwinkliges Dreieck festgelegt. Welche Koordinaten muss der Punkt P haben, damit der Flächeninhalt des Dreiecks möglichst groß wird? Gib diesen maximalen Flächeninhalt an.

||32||

Wie viele Punkte hast du? Erreichst du mehr als 25 Punkte, beherrschst du den Inhalt des Kapitels wirklich gut. Erreichst du weniger als 13 Punkte, dann solltest du dieses Kapitel wiederholen.

2 QUADRATISCHE GLEICHUNGEN

Was du schon können musst:

- ▷ quadratische Terme mithilfe der binomischen Formeln umformen
- ▷ Gleichungen der Form $(x - a)(x - b) = 0$ lösen
- ▷ Geraden $y = mx + b$ (möglichst mit Schnellkonstruktion) ins Koordinatensystem zeichnen

Darum geht es

- ▶ quadratische Gleichungen der Form $ax^2 + bx + c = 0$ rechnerisch lösen
- ▶ biquadratische Gleichungen lösen
- ▶ Gleichungen dritten Grades der Form $ax^3 + bx^2 + cx = 0$ rechnerisch lösen

2.1 Nullstellen von quadratischen Funktionen

Julia blättert in Christophers Mathematikheft, in das er eine Reihe von quadratischen Funktionen gezeichnet hat. „Also, wie ich das sehe, gibt es drei Möglichkeiten", meint Julia.

Regel

Eine Parabel hat entweder zwei oder eine oder keine Nullstellen.

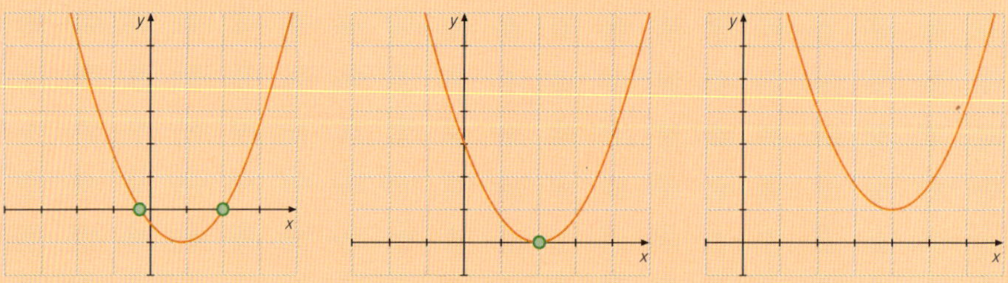

zwei Nullstellen **eine** Nullstelle **keine** Nullstelle

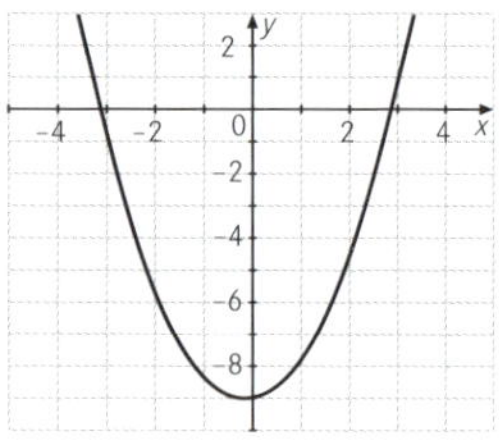

„Stimmt", bestätigt Christopher. „Und die Parabel $y = x^2 - 9$ hat in deiner Zeichnung die Nullstellen –3,1 und 2,9, oder?" „Nein, das stimmt nicht", sagt Christopher, „da muss mir beim Zeichnen die Parabelschablone etwas verrutscht sein. Ich zeig dir auch gleich, wie man die Nullstellen ausrechnen kann."
Was sind eigentlich „Nullstellen"?

Erinnere dich

Aus dem ersten Kapitel weißt du, dass der Graph einer quadratischen Funktion eine Parabel ist, die einen Scheitelpunkt besitzt.

Um den Verlauf einer solchen Parabel - oder auch anderer Funktionsgraphen - im Koordinatensystem zu beschreiben, kannst du „markante" Punkte des Graphen benutzen. Neben dem Scheitelpunkt bei einer Parabel gibt es noch weitere markante Punkte, z. B. die Schnittpunkte mit den Koordinatenachsen.

Info

Eine Schnittstelle mit der x-Achse heißt Nullstelle, eine Schnittstelle mit der y-Achse Ordinatenabschnitt.
Beispiel:
Die Parabel $y = x^2 - 6x + 5$ hat den Scheitelpunkt $(-3\,|\,-4)$, den Ordinatenabschnitt 5 und die Nullstellen -1 und -5.

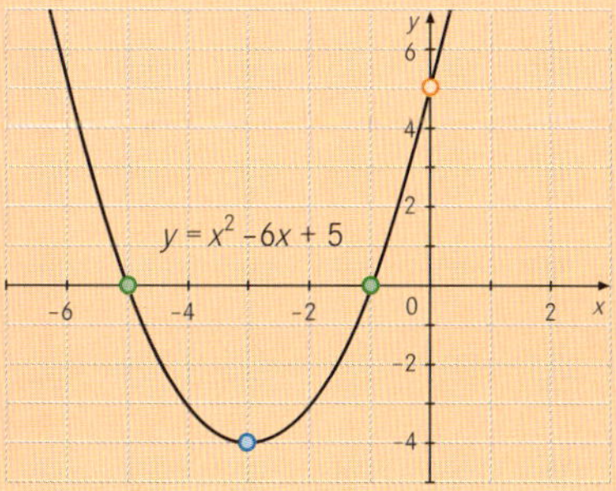

Wir werden jetzt eine Reihe von quadratischen Funktionen betrachten und dabei speziell ihre Nullstellen berechnen.

Nullstellen

Ein Punkt, in dem der Graph die x-Achse schneidet, hat immer die y-Koordinate null. Um die Nullstellen einer Parabel zu berechnen, musst du deshalb in der Funktionsgleichung die Variable y gleich null setzen.
Du erhältst dann eine „quadratische Gleichung".

Reinquadratische Gleichungen

Typ I: $x^2 - a = 0$ ($a > 0$)

Beispiel: $x^2 - 9 = 0$

Hier wendest du die 3. binomische Formel an:

$0 = x^2 - 9$

$0 = (x + 3)(x - 3)$

Nun machst du eine Fallunterscheidung.

Erinnere dich Wenn $a \cdot b = 0$ ist, dann ist $a = 0$ oder $b = 0$.

$x + 3 = 0 \Rightarrow x = -3$

$x - 3 = 0 \Rightarrow x = +3$

Die Gleichung hat die Lösungsmenge $L = \{+3; -3\}$.

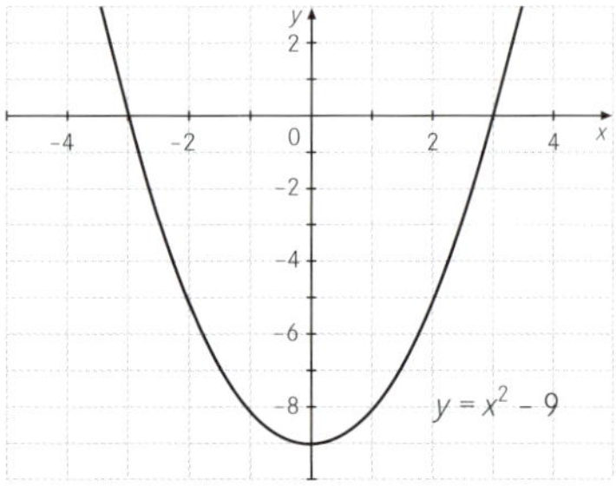

Um die Nullstellen der Parabel zu berechnen, musst du in der Gleichung $y = x^2 - 9$ die Variable y gleich null setzen. Du erhältst eine sogenannte reinquadratische Gleichung.
Die Funktion $y = x^2 - 9$ hat die Nullstellen $+3$ und -3.

Typ II: $x^2 + a = 0$ ($a > 0$)

Beispiel: $x^2 + 4 = 0$

$x^2 = -4$

Diese Gleichung hat keine Lösung.
Lösungsmenge $L = \{ \}$.

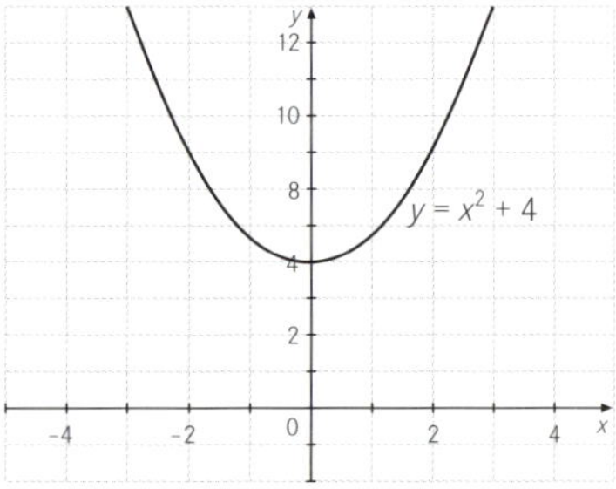

Die Funktion $y = x^2 + 4$ hat keine Nullstellen.

1 Berechne die Nullstellen.

a) $x^2 - 16 = 0$ b) $289 - x^2 = 0$ c) $x^2 - \frac{4}{81} = 0$ d) $-x^2 + 2{,}25 = 0$

Gemischtquadratische Gleichungen

Typ I: $x^2 - bx = 0$

Beispiel: $0 = x^2 - 3x$

Hier klammerst du x aus:

$0 = x(x - 3)$

Fallunterscheidung:

$x = 0$ und

$x - 3 = 0 \Rightarrow x = 3$

Die Gleichung hat die Lösungsmenge $L = \{0; 3\}$.

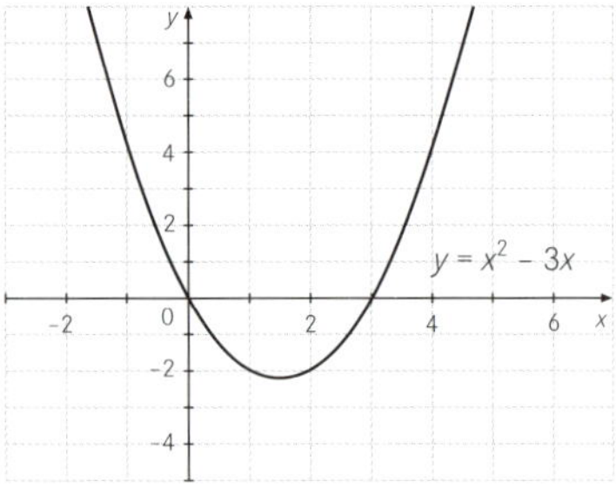

Die Funktion $y = x^2 - 3x$ hat die Nullstellen 0 und 3.

2 **Bestimme die Nullstellen.**

a) $x^2 - 4x = 0$ b) $x^2 + 8x = 0$ c) $3x^2 = 2x$

d) $\frac{1}{3}x^2 = -\frac{1}{2}x$ e) $x^2 + 2ax = 0$ f) $0{,}5x^2 - 1{,}5ax = 0$

Typ II: $x^2 + px + q = 0$ (1. Fall)

Beispiel: $x^2 - 6x + 9 = 0$

$x^2 - 6x + 9$ lässt sich mithilfe der 2. binomischen Formel in zwei Faktoren zerlegen:

$(x - 3)(x - 3) = 0$.

Fallunterscheidung:

$x - 3 = 0 \Rightarrow x = 3$

$x - 3 = 0 \Rightarrow x = 3$

Die Gleichung hat die Lösungsmenge $L = \{3\}$.

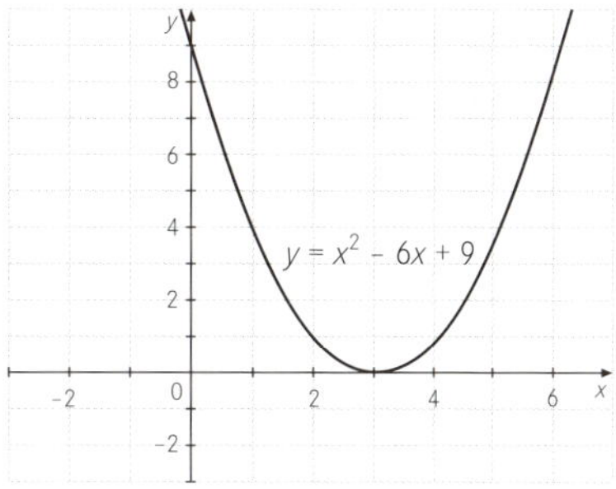

Die Funktion $y = x^2 - 6x + 9$ hat die „doppelte Nullstelle“ 3.

3 **Löse die Gleichungen.**

a) $x^2 - 4x + 4 = 0$ b) $x^2 + 6x + 9 = 0$ c) $x^2 - x + \frac{1}{4} = 0$

d) $x^2 + 0{,}8x + 1{,}6 = 0$ e) $x^2 - 3x = -2{,}25$ f) $x^2 - 6ax + 9a^2 = 0$

Typ II: $x^2 + px + q = 0$ (2. Fall)

Beispiel: $x^2 - 6x + 5 = 0$

$x^2 - 6x + 5$ lässt sich nicht mithilfe einer binomischen Formel in zwei Faktoren zerlegen. Hier ist eine „quadratische Ergänzung“ nötig, damit du eine binomische Formel anwenden kannst.

Du musst auf beiden Seiten 4 addieren:

$x^2 - 6x + 5 + 4 = 4$

$x^2 - 6x + 9 = 4$

Nun wendest du auf der linken Seite die 2. binomische Formel an:

$x^2 - 6x + 9 = (x - 3)^2$.

Daraus folgt für die Gleichung: $(x - 3)^2 = 4$.

Da sowohl $(+2)^2 = 4$ als auch $(-2)^2 = 4$ ist, musst du jetzt die zwei möglichen Fälle unterscheiden.

Fallunterscheidung:

$(x - 3) = +2 \Rightarrow x = 5$

$(x - 3) = -2 \Rightarrow x = 1$

Die Gleichung hat die Lösungsmenge $L = \{1; 5\}$.

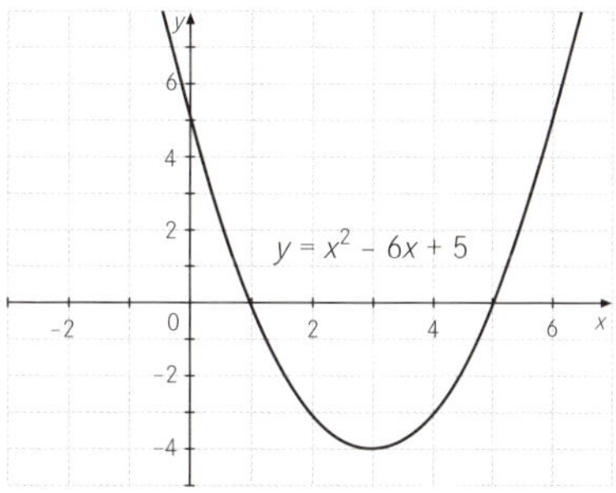

Die Funktion $y = x^2 - 6x + 5$ hat die Nullstellen 1 und 5.

Die *p-q*-Formel

Gemischtquadratische Gleichungen (2. Fall) kannst du mithilfe der sogenannten *p-q*-Formel lösen, ohne dass du eine binomische Formel anwenden musst.

Die Formel

Sind x_1 und x_2 Lösungen der Gleichung $x^2 + px + q = 0$, so gilt:

$$x_1 = -\frac{p}{2} + \sqrt{\left(\frac{p}{2}\right)^2 - q}$$

$$x_2 = -\frac{p}{2} - \sqrt{\left(\frac{p}{2}\right)^2 - q}$$

Das Beispiel

$x^2 - 6x + 5 = 0$

$p = -6$ und $q = 5$

$$x_1 = -\frac{-6}{2} + \sqrt{\left(\frac{-6}{2}\right)^2 - 5} = 3 + 2 = 5$$

$$x_2 = -\frac{-6}{2} - \sqrt{\left(\frac{-6}{2}\right)^2 - 5} = 3 - 2 = 1$$

4 Löse mit der *p-q*-Formel.

a) $x^2 - 4x - 5 = 0$ b) $x^2 - 2{,}5x + 1 = 0$ c) $x^2 + \frac{1}{6}x - \frac{1}{3} = 0$

d) $x^2 - 1\frac{1}{15}x + \frac{4}{15} = 0$ e) $x^2 + 3ax - 10a^2 = 0$ f) $x^2 - 5a^2 = 0{,}5ax$

Nullstellen berechnen

Wenn du die Nullstelle(n) einer quadratischen Funktion $y = x^2 + px + q$ berechnen willst, musst du $y = 0$ setzen und die quadratische Gleichung $x^2 + px + q = 0$ lösen.

Wenn die Gleichung die Form hat $x^2 - a = 0$ (reinquadratisch) oder $x^2 - bx = 0$ (einfach gemischtquadratisch), löst du sie wie in den Beispielen zu a) und b) Typ I dargestellt.

Für den allgemeinen Fall $x^2 + px + q = 0$ benutzt du die sogenannte *p-q*-Formel, mit der du durch einfaches Einsetzen die Lösungen berechnen kannst.

2.2 Sätze über quadratische Gleichungen

Die Zerlegung in Linearfaktoren

Fülle in der folgenden Tabelle die Lücken in der 3. Spalte aus. Was fällt dir auf?

Quadratische Gleichung $x^2 + px + q = 0$	Lösungen x_1	x_2	Produkt der Linearfaktoren $(x - x_1) \cdot (x - x_2)$
$x^2 + x - 2 = 0$	-2	1	$(x - (-2)) \cdot (x - 1) = x^2 + x - 2$
$x^2 - 2x - 15 = 0$	-3	5	$(x + 3) \cdot (x - 5) =$
$x^2 + 5x + 4 = 0$	-1	-4	$(x + 1) \cdot (x + 4) =$

Satz über Linearfaktorzerlegung

Sind x_1 und x_2 die Lösungen der quadratischen Gleichung $x^2 + px + q = 0$, so gilt:
$x^2 + px + q = (x - x_1) \cdot (x - x_2)$.
$(x - x_1)$ und $(x - x_2)$ heißen Linearfaktoren. Das bedeutet: Du kannst einen quadratischen Term $x^2 + px + q$ in ein Produkt aus zwei Linearfaktoren zerlegen, wenn du vorher die entsprechende quadratische Gleichung $x^2 + px + q = 0$ löst.
Beispiel: $x^2 + x - 2 = 0$ hat die Lösungen -2 und 1.
Dann gilt: $x^2 + x - 2 = (x - (-2)) \cdot (x - 1)$.
Mithilfe dieser Aussage kannst du aber auch zu vorgegebenen Lösungen eine entsprechende quadratische Gleichung finden.
Beispiel: Welche quadratische Gleichung hat die Lösungen $x_1 = 5$; $x_2 = -1$?
$(x - 5) \cdot (x + 1) = x^2 + x - 5x - 5 = x^2 - 4x - 5$, d. h., 5 und -1 sind die Lösungen der Gleichung $x^2 - 4x - 5 = 0$.

1 Gib eine einfache quadratische Gleichung $x^2 + px + q = 0$ an, die die vorgegebenen Lösungen hat.

a) 0; -5 b) -2 c) -1; $+3$ d) $\frac{1}{2}$; $-\frac{1}{3}$

2 Gib eine quadratische Funktion $y = x^2 + px + q$ zu den vorgegebenen Nullstellen an.

a) 0; 1,5 b) 3 c) $\frac{1}{4}$; $-\frac{1}{3}$ d) 0,4; $-1,2$

3 Zerlege den quadratischen Term in ein Produkt aus zwei Linearfaktoren.
Tipp Löse zuerst die entsprechende quadratische Gleichung.

a) $x^2 + x - 6$ b) $x^2 - \frac{1}{4}x - \frac{1}{8}$ c) $x^2 - 2,25$ d) $x^2 + \frac{1}{15}x - \frac{2}{5}$

Der Satz von Vieta

Fülle in der folgenden Tabelle die Lücken in der 3. Spalte aus. Was fällt dir auf?

Quadratische Gleichung $x^2 + px + q = 0$	Lösungen $x_1 =$	$x_2 =$	$x_1 \cdot x_2$	$-(x_1 + x_2)$
$x^2 + 1x - 2 = 0$	-2	1	$(-2) \cdot 1 = -2$	$-(-2 + 1) = +1$
$x^2 - 2x - 15 = 0$	-3	5		
$x^2 + 5x + 4 = 0$	-1	-4		

Satz von Vieta

Sind x_1 und x_2 die Lösungen der quadratischen Gleichung $x^2 + px + q = 0$, dann gilt:
$x_1 \cdot x_2 = q$ und $-(x_1 + x_2) = p$.
Mit diesem Satz kannst du zu vorgegebenen Lösungen eine quadratische Gleichung finden.
Beispiel: Finde eine quadratische Gleichung mit den Lösungen $x_1 = 5$; $x_2 = -3$.
$q = x_1 \cdot x_2 = 5 \cdot (-3) = -15$
$p = -(x_1 + x_2) = -(5 - 3) = -2$
Die quadratische Gleichung lautet: $x^2 - 2x - 15 = 0$.

4 **Gib jeweils eine quadratische Gleichung $x^2 + px + q = 0$ mit folgenden Lösungen an.**

a) 5; −7 b) −4; 9 c) 1; −0,8 d) $\frac{1}{4}; \frac{1}{3}$ e) $-\frac{2}{3}; -\frac{1}{2}$

Die „Diskriminante" – wie viele Lösungen hat eine Gleichung?

Darum geht es

In der folgenden Übersicht soll anhand von Beispielen ein Kriterium gefunden werden, ob eine quadratische Funktion zwei, eine oder keine Nullstellen hat bzw. ob eine quadratische Gleichung zwei, eine oder keine Lösung hat.

Gleichung der Parabel $y = x^2 + px + q$	$y = x^2 - 4x + 3$	$y = x^2 - 4x + 4$	$y = x^2 - 4x + 5$
Graph	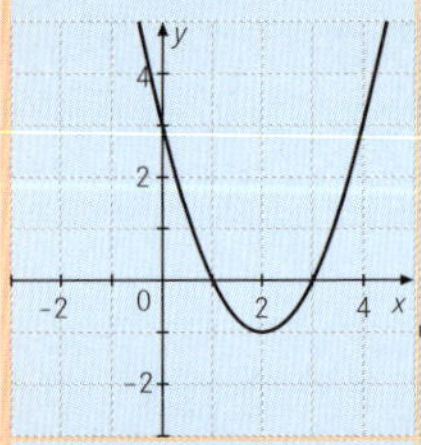	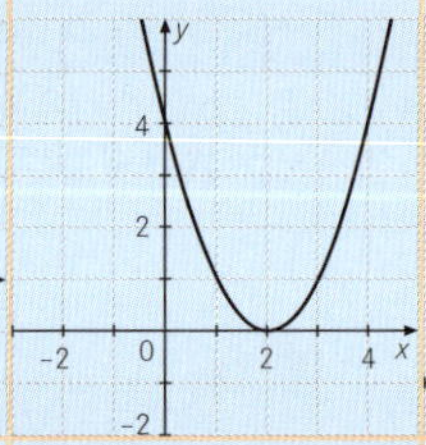	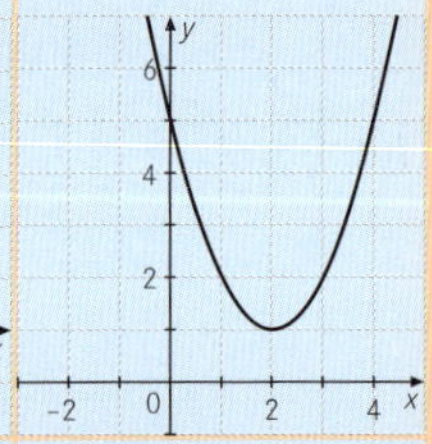
Anzahl der Nullstellen	2	1	keine
Ansatz zur Berechnung der Nullstellen $x^2 + px + q = 0$	$x^2 - 4x + 3 = 0$	$x^2 - 4x + 4 = 0$	$x^2 - 4x + 5 = 0$
Lösungsterm zur Berechnung der Nullstellen	$x_{1/2} = 2 \pm \sqrt{2^2 - 3}$	$x_{1/2} = 2 \pm \sqrt{2^2 - 4}$	$x_{1/2} = 2 \pm \sqrt{2^2 - 5}$

$x_{1/2} = -\frac{p}{2} \pm \sqrt{\left(\frac{p}{2}\right)^2 - q}$	$x_{1/2} = 2 \pm \sqrt{1}$	$x_{1/2} = 2 \pm \sqrt{0}$	$x_{1/2} = 2 \pm \sqrt{-1}$
Lösungen	$x_1 = 3; x_2 = 1$	$x_1 = x_2 = 2$	{ }
Anzahl der Lösungen	2	1	keine

Du siehst an den Beispielen, dass der Term unter dem Wurzelzeichen darüber entscheidet, ob eine quadratische Gleichung zwei, eine oder keine Lösung hat bzw. ob die zugehörige Parabel zwei, eine oder keine Nullstellen hat.

Die Diskriminante

Ist der Term unter der Wurzel beispielsweise negativ, dann ist die Wurzel nicht definiert, und es gibt keine Lösung; ist er positiv, gibt es zwei Lösungen; ist er null, gibt es nur eine Lösung.
Dieser entscheidende Term unter dem Wurzelzeichen heißt „Diskriminante“ D (vom lateinischen Wort für „unterscheiden“) der quadratischen Gleichung $x^2 + px + q = 0$.
$D = \left(\frac{p}{2}\right)^2 - q$

Wenn $D \begin{Bmatrix} > \\ = \\ < \end{Bmatrix} 0$ ist, hat die quadratische Gleichung $\begin{Bmatrix} \text{zwei} \\ \text{eine} \\ \text{keine} \end{Bmatrix}$ Lösung(en).

5 **Wie viele Lösungen hat die quadratische Gleichung? Betrachte die Diskriminante.**

a) $x^2 + 6x + 9 = 0$ b) $x^2 - x + 5 = 0$ c) $x^2 + x - 6 = 0$

6 **Wie musst du k wählen, damit die Gleichung genau eine Lösung hat?**

a) $x^2 + 4x + k = 0$ b) $x^2 + kx + 9 = 0$

2.3 Quadratische Gleichungen vom Typ $ax^2 + bx + c = 0$ ($a \neq 0$)

Beispiel

Christopher hat aus dem Physikunterricht folgende Aufgabe mitgebracht:
Ein Stein wird von einem 120 m hohen Turm aus mit der Abschussgeschwindigkeit $10 \frac{m}{s}$ senkrecht nach oben abgeschossen. Wann erreicht er den Boden?
Christopher hat schon folgende Gleichung aufgestellt:
$y = -5x^2 + 10x + 120$.
Dabei ist y die Höhe in Meter über dem Boden und x die Flugzeit in Sekunden.
Der Flug des Steins ist beendet, wenn $y = 0$.

Christopher muss also folgende Gleichung lösen:
$0 = -5x^2 + 10x + 120$.
Julia schaut ihm zu und sagt: „Die kannst du nicht mit deiner p-q-Formel lösen, weil der Faktor (– 5) vor x^2 steht. Da passt deine Formel nicht." Christopher meint nur trocken: „Dann wird die Gleichung passend gemacht", und schreibt:
$0 = -5x^2 + 10x + 120 \quad | \cdot (-\frac{1}{5})$
$0 = x^2 - 2x - 24$
Jetzt kannst du die Lösung der Gleichung zu Ende bringen. Was wird Christopher wohl als Antwort am Ende der Aufgabe notieren?

1 Löse die folgenden quadratischen Gleichungen.

a) $2x^2 + 4x - 6 = 0$
b) $2x^2 + 3x - 2 = 0$
c) $15x^2 - 11x + 2 = 0$
d) $10x^2 - 0{,}6 + x = 0$
e) $5x^2 + x = 1{,}75$
f) $2x^2 - 3bx - 9b^2 = 0$

Regel

Man kann die Lösungen einer quadratischen Gleichung $ax^2 + bx + c = 0$ auch mit der a-b-c-Formel berechnen:

$$x_{1/2} = \frac{-b \pm \sqrt{b^2 - 4ac}}{2a}.$$

2.4 Schnittstellen von Parabeln und Geraden

Darum geht es

Die Gerade $y = x + 2$ schneidet die Parabel $y = x^2$ an zwei Stellen. An den Schnittstellen stimmen die y-Werte von Gerade und Parabel überein. Dies kannst du benutzen, um die Schnittstellen zu berechnen.
Du setzt die Terme gleich: $x + 2 = x^2$.
Du formst die Gleichung um: $x^2 - x - 2 = 0$.
Mithilfe der p-q-Formel erhältst du die beiden Schnittstellen $x = -1$ und $x = 2$.
(Rechne zur Übung nach!)

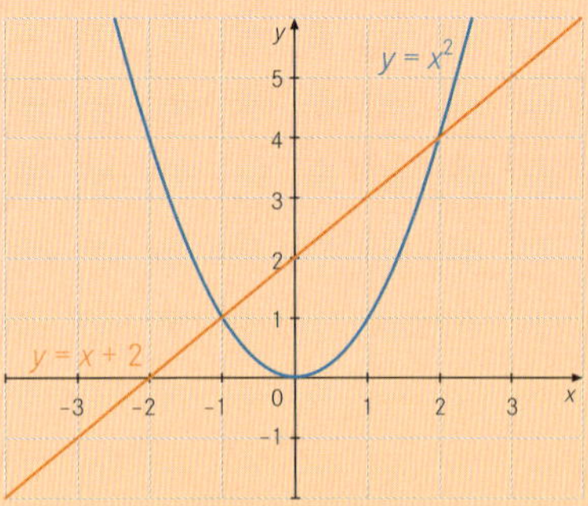

1 **Bestimme die Schnittstellen zwischen der Parabel $y = x^2$ und den Geraden *g, h, i***

$g: y = x + 2$; $h: y = -4x - 4$; $i: y = -x - 2$

a) durch Zeichnung b) durch Rechnung.

Zeichne zu a) mithilfe einer Parabelschablone jeweils die Normalparabel in dein Heft.

Info

Wenn du das Verfahren zur Berechnung der Schnittstelle von Gerade und Parabel „umdrehst", bekommst du ein Verfahren, mit dem du quadratische Gleichungen *grafisch*, also *durch eine Zeichnung* lösen kannst.

Beispiel: Bestimme die Lösung der Gleichung $x^2 - x - 6 = 0$ mithilfe einer Zeichnung.

Du trennst zunächst den „linearen" Teil des Termes ab: $x^2 = x + 6$.

Der Term auf der linken Seite gehört zur Parabel $y = x^2$, der Term rechts zur Geraden $y = x + 6$. Beide Graphen sind in einem Koordinatensystem dargestellt.

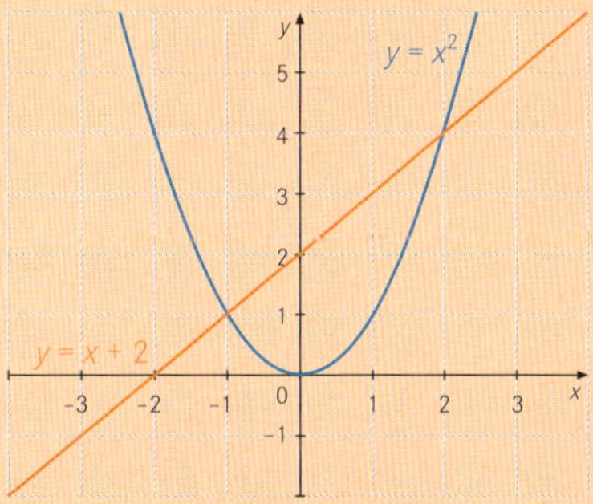

Wenn du die Schnittstellen der beiden Graphen ausrechnen wolltest, müsstest du die Gleichung $x^2 = x + 6$ lösen. Umgekehrt findest du nun die Lösungen der Gleichung $x^2 - x - 6 = 0$, wenn du die Schnittstellen der beiden Graphen im Diagramm abliest, nämlich $x = -2$ und $x = 3$.

Grafisches Lösen

Beispiel: Bestimme grafisch die Lösungen der quadratischen Gleichung $x^2 + x - 2 = 0$.

1. Du trennst den quadratischen und den linearen Term: $x^2 = -x + 2$.
2. Du notierst getrennt die Gleichungen:
   a) der Parabel $y = x^2$
   b) der Geraden $y = -x + 2$.
3. Du zeichnest Gerade und Parabel in ein Koordinatensystem und liest die Schnittstellen ab:
   $x_1 = -2$ und $x_2 = 1$.
4. Du gibst die Lösungsmenge an: $L = \{-2; 1\}$.

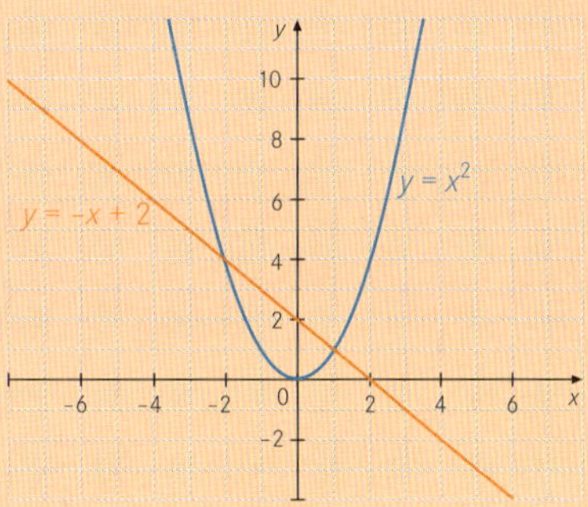

2 Löse die folgenden quadratischen Gleichungen grafisch.

a) $x^2 - x - 2 = 0$ b) $x^2 - 2x + 1 = 0$ c) $x^2 + 2x + 3 = 0$

2.5 Gleichungen höheren Grades

Biquadratische Gleichungen

Beispiel

Der höchste Exponent der Funktion $y = x^4 - 17x^2 + 16$ ist 4. Daher nennt man diese Funktion eine „Funktion 4. Ordnung". Berechne die Nullstellen dieser Funktion.
Um die Nullstellen zu errechnen, setzt du zunächst den Funktionsterm gleich null:
$x^4 - 17x^2 + 16 = 0$. (*)
Info Die Gleichung $x^4 - 17x^2 + 16$ ist eine „biquadratische Gleichung".
Jede Gleichung, in der nur die Potenzen x^4 und x^2 vorkommen, heißt biquadratische Gleichung.

Das Substitutionsverfahren

Zur Berechnung der Nullstellen der Funktion $y = x^4 - 17x^2 + 16$ benutzt du einen „Trick": Es gilt: $x^4 = x \cdot x \cdot x \cdot x = (x \cdot x) \cdot (x \cdot x) = x^2 \cdot x^2 = (x^2)^2$.
Damit kannst du die Gleichung (*) schreiben: $(x^2)^2 - 17x^2 + 16 = 0$
Dann ersetzt (substituierst) du x^2 durch die Variable z:
$z^2 - 17z + 16 = 0$
Diese Gleichung löst du mit der p-q-Formel (Rechne zur Übung nach!):
$z_1 = 1$; $z_2 = 16$.
Nun bestimmst du noch zu jedem berechneten z-Wert die x-Werte:

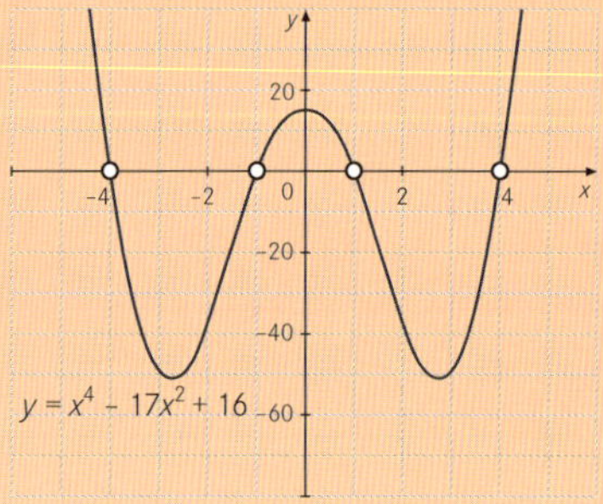

$z_1 = 1$: $x^2 = 1$	$z_2 = 16$: $x^2 = 16$
$x_1 = +1$	$x_3 = +4$
$x_2 = -1$	$x_4 = -4$

Somit ist die Lösungsmenge
$L = \{+1; -1; +4; -4\}$.
Die Funktion $y = x^4 - 17x^2 + 16$ hat also die Nullstellen -4; -1; $+1$ und $+4$.

1 **Bestimme die Lösungen der biquadratischen Gleichungen.**

a) $x^4 - 13x^2 + 36 = 0$ b) $x^4 - 7x^2 = 144$ c) $x^4 = 14x^2 - 33$

2 **Bestimme die Nullstellen des Graphen.**

a) $y = x^4 - 25x^2 + 144$ b) $y = x^4 - 8x^2 - 9$

3 **Substituiere $x^3 = z$.**

Bestimme die Lösungen der Gleichung $x^6 + 7x^3 - 8 = 0$.

Gleichungen 3. Grades

Darum geht es

Die Nullstellen der Funktion $y = x^3 - 6x^2 + 5x$ berechnest du, indem du $y = 0$ setzt.
Du erhältst eine Gleichung 3. Grades: $x^3 - 6x^2 + 5x = 0$

Gleichungen 3. Grades

Beispiel: $x^3 - 6x^2 + 5x = 0$
Hier kannst du x ausklammern:
$x \cdot (x^2 - 6x + 5) = 0$.
Fallunterscheidung:
(I) $x = 0$
(II) $x^2 - 6x + 5 = 0$
Im Fall (II) erhältst du mithilfe der p-q-Formel $x_1 = 1$ und $x_2 = 5$. (Rechne nach!)
Somit ist die Lösungsmenge $L = \{0; 1; 5\}$.
Die Funktion $y = x^3 - 6x^2 + 5x$ hat also die Nullstellen 0, 1 und 5.

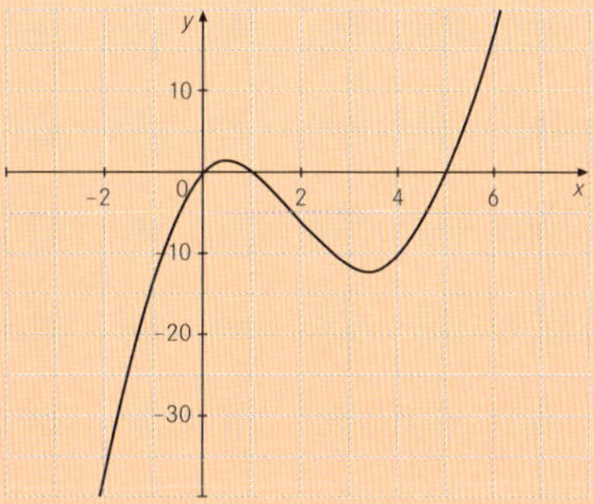

4 **Löse die Gleichungen 3. Grades.**

a) $x^3 - 7x^2 + 12x = 0$ b) $x^3 = 3x^2 + 10x$ c) $10x^3 - x^2 = 2x$

Test Kapitel 2

1 p-q-Formel und Diskriminante |2|

a) Schreibe den allgemeinen Lösungsterm für die Gleichung $x^2 + ax + b = 0$ auf.

b) Gib die Diskriminante dieser Gleichung an.

2 Vieta oder Linearfaktorzerlegung |4|

Bestimme je eine quadratische Gleichung in der Form $x^2 + px + q = 0$ mit den angegebenen Lösungen. Gib den Lösungsweg an.

a) 3 und (– 5)

b) $5a$ und $2a$

3 Bestimme die Lösungsmengen der folgenden Gleichungen. |8|

a) $-3x^2 - 12x = 0$

b) $x^2 + a^2x = 2a^4$

c) $x^4 = 24x^2 + 25$

d) $2x^2 + 1{,}2x = -0{,}16$

4 Hammer und Stein

a) Einem Bauarbeiter rutscht in 30 m Höhe ein Hammer aus der Hand und fällt nach unten. Die Höhe h, in der sich das Werkzeug nach der Zeit t jeweils noch befindet, lässt sich etwa mit der Gleichung $h = 30 - 5t^2$ berechnen (h in Meter, t in Sekunden). Nach welcher Zeit schlägt der Hammer auf dem Boden auf? |3|

b) Die Flugbahn eines Steines, der von einem Turm aus schräg nach oben abgeworfen wird, lässt sich durch die Gleichung $y = -0{,}1x^2 + 2x + 30$ beschreiben. x ist dabei die Entfernung des Steines vom Turm in der Horizontalen, y ist die Höhe über dem Boden (x und y jeweils in „Meter"). In welcher Entfernung vom Turm schlägt der Stein auf dem Boden auf? |4|

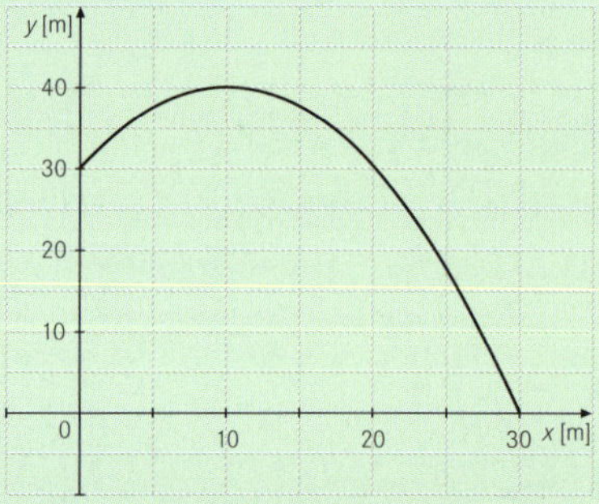

5 Für welchen Wert von a hat die Gleichung $4x^2 + ax = -16$ genau eine Lösung? |4|

6 Die Geradensteigung |6|

Gegeben sei die Parabel $y = 2x^2$ und die Gerade $y = mx - 2$. m ist dabei die Steigung der Geraden.

Welchen Wert muss die Steigung haben, damit die Gerade die Parabel in genau einem Punkt schneidet?

||31||

Wie viele Punkte hast du? Erreichst du mehr als 24 Punkte, beherrschst du den Inhalt des Kapitels wirklich gut. Erreichst du weniger als 12 Punkte, dann solltest du dieses Kapitel wiederholen.

3 POTENZEN UND WURZELN

Was du schon können musst:

▷ Potenzen als Produkt schreiben
▷ Terme mithilfe der binomischen Formeln umformen

Darum geht es

- Potenzterme mithilfe der Potenzgesetze zusammenfassen
- Potenzen mit ganzzahligen und rationalen Exponenten sinnvoll definieren
- höhere Wurzeln in Potenzschreibweise darstellen
- Wurzelterme vereinfachen
- Terme mit Zahlen in Normdarstellung mit dem Taschenrechner berechnen
- den charakteristischen Verlauf von Potenzfunktionen beschreiben und skizzieren

3.1 Die Teile eines Potenzterms

Du weißt, dass du Potenzen als *Kurzschreibweise* für sehr große Zahlen und in manchen Produkten verwenden kannst:
$5\,200\,000\,000 = 5{,}2 \cdot 10^9$ oder $4 \cdot 4 \cdot 4 \cdot 4 \cdot 4 \cdot 4 \cdot 4 \cdot 4 \cdot 4 \cdot 4 \cdot 4 = 4^{11}$.

Der Potenzterm

Die Teile eines Potenzterms haben besondere Namen:

$8 = 2^3$

8 = Wert der Potenz 2 = Basis 3 = Exponent

1 **Berechne.**

a) 2^5 b) 3^4 c) $0{,}5^3$ d) $\left(\frac{1}{3}\right)^4$ e) $\left(\frac{2}{5}\right)^5$

2 **Ergänze.**

a) $2^{\square} = 64$ b) $3^{\square} = 81$ c) $0{,}2^{\square} = 0{,}0016$

3.2 Normdarstellung für große Zahlen („scientific notation“)

Bei Zehnerpotenzen gibt der Exponent die Anzahl der Nullen an:

Zehnerpotenzen: $10^2 = 100$

$10^3 = 1\,000$

$10^4 = 10\,000$

$10^5 = 100\,000$

$10^6 = 1\,000\,000$

…

Darum geht es

Mithilfe von Zehnerpotenzen kannst du große Zahlen bequemer aufschreiben. Dazu musst du von einer großen Zahl zunächst Zehnerpotenzen „abspalten“.

Beispiel: $30\,847\,000 = 30\,847 \cdot 1\,000 = 30\,847 \cdot 10^3$

oder $30\,847\,000 = 30{,}847 \cdot 1\,000\,000 = 30{,}847 \cdot 10^6$

oder $\mathbf{30\,847\,000 = 3{,}0847 \cdot 10\,000\,000 = 3{,}0847 \cdot 10^7}$

oder $30\,847\,000 = 0{,}308\,47 \cdot 100\,000\,000 = 0{,}308\,47 \cdot 10^8$

scientific notation

Wir verabreden als Normdarstellung diejenige Schreibweise, bei der der Faktor vor der Zehnerpotenz zwischen 1 und 10 liegt:

z. B.: $30\,847\,000 = 3{,}0847 \cdot 10^7$.

Diese Normdarstellung nennt man „scientific notation“ (engl.: „wissenschaftliche Schreibweise“). Sie hat den Vorteil, dass du Zahlen leicht mit einem Blick auf die Zehnerpotenz miteinander vergleichen kannst. Beispiel: $5{,}13 \cdot 10^6 < 2{,}98 \cdot 10^8$

Info

Diese Normdarstellung kannst du auch bei deinem Taschenrechner benutzen, um große Zahlen darzustellen. Manchmal gibt der Taschenrechner sehr große (oder sehr kleine) Zahlen automatisch in der Normdarstellung mithilfe einer Zehnerpotenz an.

Beispiel: Gib in deinen Taschenrechner folgende Aufgabe ein:

$9\,000\,000\,000 \cdot 8\,000\,000\,000$.

Im Display erscheint dann „7.2^{19}“ oder „$7.2 \cdot 10^{19}$“

Vorsicht Die Anzeige „ 7.2^{19}“ im Anzeigefeld des Taschenrechners ist nur eine *verkürzte Schreibweise* für „$7{,}2 \cdot 10^{19}$“! Du musst hier also die Darstellung „7.2^{19}“ in der Anzeige des Taschenrechners richtig interpretieren und entsprechend als „$7{,}2 \cdot 10^{19}$“ in deine schriftlichen Aufzeichnungen übertragen.

1 **Schreibe in Normdarstellung.**

a) 35 000 b) 481 000 000 c) 103 040 000 000

Die Normdarstellung im Taschenrechner

Bei vielen Taschenrechnern heißt die Taste zur Eingabe großer Zahlen in der Normdarstellung [EXP] oder [EE].

Beispiel: Aufgabe: $3{,}7 \cdot 10^8 \cdot 1{,}9 \cdot 10^7 = \ldots$

Eingabe: [3] [.] [7] [EXP] [8] [×] [1] [.] [9] [EXP] [7] [=]

Anzeige: 7.03^{15}

Ergebnis: $7{,}03 \cdot 10^{15}$

Informiere dich ggf. in der Bedienungsanleitung, wie du Zahlen in Normdarstellung in deinen Taschenrechner eingeben musst.

2 **Berechne mithilfe des Taschenrechners. Runde ggf. sinnvoll.**

a) $5{,}2 \cdot 10^3 \cdot 7{,}01 \cdot 10^5$ b) $6{,}5 \cdot 10^7 \cdot 1{,}03 \cdot 10^4$ c) $8{,}02 \cdot 10^9 : (5{,}25 \cdot 10^4)$

d) $3{,}92 \cdot 10^6 : (4{,}5 \cdot 10^3)$ e) $4{,}062 \cdot 10^4 - 8{,}19 \cdot 10^3$ f) $1{,}99 \cdot 10^{12} + 9{,}11 \cdot 10^{11}$

3.3 Potenzgesetze

Es wäre recht mühsam, beispielsweise den Term $\frac{0{,}3^{27}}{0{,}3^{25}}$ auszurechnen, indem du zuerst den Wert im Zähler und im Nenner bestimmst und dann dividierst. Vorteilhafter ist es, diesen Bruch zuerst zu kürzen und dann – auch ohne Taschenrechner – das Ergebnis zu bestimmen:

$$\frac{0{,}3^{27}}{0{,}3^{25}} = \frac{\cancel{0{,}3} \cdot \cancel{0{,}3} \cdot \cancel{0{,}3} \cdot \ldots \cdot \cancel{0{,}3} \cdot 0{,}3 \cdot 0{,}3}{\cancel{0{,}3} \cdot \cancel{0{,}3} \cdot \cancel{0{,}3} \cdot \ldots \cdot \cancel{0{,}3}} = 0{,}3 \cdot 0{,}3 = 0{,}09.$$

Darum geht es

Welche Gesetze darf man bei Termumformungen mit Potenztermen zur Vereinfachung benutzen und welche muss man beachten?

Die Potenzgesetze

	Beispiel	Regel
Wie **multipliziert** man Potenzen mit gleicher Basis?	$a^3 \cdot a^4 =$ $(a \cdot a \cdot a) \cdot (a \cdot a \cdot a \cdot a) = a^7$	Man **addiert** die Exponenten und behält die Basis bei.

Wie **dividiert** man Potenzen mit gleicher Basis?	$\frac{a^7}{a^2} = \frac{a \cdot a \cdot a \cdot a \cdot a \cdot a \cdot a}{a \cdot a} = a^5$	Man **subtrahiert** die Exponenten voneinander und behält die Basis bei.
Wie **potenziert** man ein **Produkt** mit einer Zahl?	$(a \cdot b)^3 =$ $a \cdot b \cdot a \cdot b \cdot a \cdot b = a^3 \cdot b^3$	Man **potenziert** jeden Faktor mit dieser Zahl und multipliziert die Potenzen miteinander.
Wie **potenziert** man einen **Quotienten** mit einer Zahl?	$\left(\frac{a}{b}\right)^4 = \frac{a \cdot a \cdot a \cdot a}{b \cdot b \cdot b \cdot b} = \frac{a^4}{b^4}$	Man **potenziert** Nenner und Zähler mit dieser Zahl und bildet daraus den Quotienten.
Wie **potenziert** man eine **Potenz**?	$(a^2)^3 = a^2 \cdot a^2 \cdot a^2 =$ $a \cdot a \cdot a \cdot a \cdot a \cdot a = a^6$	Man **multipliziert** die Exponenten miteinander und behält die Basis bei.

Diese **Potenzgesetze** kannst du mithilfe von Variablen auch in Kurzform schreiben.

(P1a) $a^m \cdot a^n = a^{m+n}$ **(P1b)** $\frac{a^m}{a^n} = a^m : a^n = a^{m-n}$

(P2a) $(a \cdot b)^n = a^n \cdot b^n$ **(P2b)** $\left(\frac{a}{b}\right)^n = a^n : b^n$

(P3) $(a^m)^n = a^{m \cdot n}$

1 **Wende die Potenzgesetze an.**

a) zu (P1a):
$5^3 \cdot 5^4$; $0{,}5^4 \cdot 0{,}5^2$; $1{,}1^5 \cdot 1{,}1$; $(-2)^4 \cdot (-2)^3$
$a^5 \cdot a^7$; $(-x)^3 \cdot (-x)^5$; $(a+b)^3 \cdot (a+b)^5$; $(x-y)^m \cdot (x-y)^n$

b) zu (P1b):
$\frac{3^5}{3^4}$; $\frac{0{,}1^{10}}{0{,}1^8}$; $\frac{1{,}2^3}{1{,}2}$; $\frac{(-4)^9}{(-4)^6}$ $\frac{x^{12}}{x^9}$; $\frac{(-a)^8}{(-a)^6}$; $\frac{(x-y)^7}{(x-y)^5}$; $\frac{(2a-b)^7}{(2a-b)^4}$

c) zu (P2a):
$2^3 \cdot 5^3$; $0{,}5^4 \cdot 2^4$; $2{,}5^6 \cdot 4^6$; $(-1{,}5)^4 \cdot (-2)^4$
$(0{,}5a)^6 \cdot (2a)^6$; $(-0{,}25x)^8 \cdot (-4)^8$; $(a+b)^4 \cdot (a-b)^4$; $(3x+y)^m \cdot (3x-y)^m$

d) zu (P2b):
$\frac{121^3}{11^3}$; $\frac{125^4}{25^4}$; $\frac{\left(\frac{2}{3}\right)^7}{\left(\frac{1}{3}\right)^7}$; $\frac{(-0{,}75)^5}{(-0{,}25)^5}$ $\frac{(9a)^4}{(3a)^4}$; $\frac{(0{,}39x^3)^5}{(0{,}13x^2)^5}$; $\frac{\left(\frac{2}{5}a^6\right)^4}{\left(\frac{3}{5}a^5\right)^4}$; $\frac{(-1{,}28a^3)^7}{(-0{,}64a^2)^7}$

e) zu (P3):
$(2^4)^3$; $(0{,}1^3)^2$; $\left(\left(\frac{1}{2}\right)^5\right)^2$; $((-1)^3)^6$ $((-2)^2)^5$; $\left(\left(-\frac{1}{2}\right)^2\right)^4$; $((3a)^2)^3$; $((-2x^2)^5)^2$

3.4 Potenzen mit negativer Basis

Darum geht es

Bei Potenzen mit negativer Basis, d. h. mit dem Vorzeichen „–“ in der Basis wie z. B. bei $(-2a)^3$, gibt es einige Besonderheiten, die du kennen solltest.

1. Regel

$(-1)^{\text{gerade Zahl}} = +1$ $(-1)^{\text{ungerade Zahl}} = -1$

Beispiele:

$(-1)^2 = +1$	$(-1)^3 = -1$
$(-1)^4 = +1$	$(-1)^5 = -1$
$(-1)^6 = +1$	$(-1)^7 = -1$

2. Regel

$(-a)^{\text{gerade Zahl}} = (+a)^{\text{gerade Zahl}}$ $(-a)^{\text{ungerade Zahl}} = -a^{\text{ungerade Zahl}}$

Beispiele:

$(-2)^2 = +4$	$(+2)^2 = +4$	$(-2)^3 = -8$	$2^3 = +8$
$(-2)^4 = +16$	$(+2)^4 = +16$	$(-2)^5 = -32$	$2^5 = +32$
$(-2)^6 = +64$	$(+2)^6 = +64$	$(-2)^7 = -128$	$2^7 = +128$

Info

Es gilt bei positiver und negativer Basis:

Gerader Exponent

Der Wert der Potenz ist in jedem Fall positiv oder null.

Ungerader Exponent

Wenn die Basis negativ ist, dann ist der Wert der Potenz auch negativ.

Vorsicht Beim Berechnen von Potenztermen, in denen ein „Minus“ vorkommt, musst du darauf achten, ob das „Minus“ Teil der Basis ist und daher also mitpotenziert wird.

Beispiel: $(-3)^2 = (-3) \cdot (-3) = 9$ aber $-3^2 = -3 \cdot 3 = -9$

1 **Berechne.**

a) $(-4)^5$

b) $-2^4 \cdot (-4)^2$

c) $(-2)^5 \cdot (-1)^7$

d) $(-1)^{100} + (-1)^{101}$

e) $(-1)^{2n} + (-1)^{2n+1}$ $(n \in \mathbb{N})$

f) $(-1)^{2n} : (-1)^{2n+1}$ $(n \in \mathbb{N})$

2 Welche der folgenden Aussagen ist richtig?

a) Wenn die Basis negativ ist, dann ist der Wert der Potenz negativ.
b) Wenn der Exponent gerade ist, ist der Wert der Potenz positiv.
c) Wenn die Basis positiv ist, ist der Wert der Potenz positiv.
d) Wenn der Exponent ungerade ist, ist der Wert der Potenz negativ.

3.5 Potenzen mit ganzzahligen Exponenten

Festlegung von a^{-n}

Julia und Christopher bekommen eine Aufgabe.
Sie sollen die folgenden Potenzterme vereinfachen: $\frac{a^3}{a^2}; \frac{a^2}{a^2}; \frac{a^2}{a^3}; \frac{a^2}{a^4}; \frac{a^2}{a^5}$.

Julia und Christopher lösen die Aufgabe unterschiedlich.

Julia kürzt die Brüche, Christopher benutzt (P1b): $\frac{a^m}{a^n} = a^{m-n}$.

Christopher:

$\frac{a^3}{a^2} = a^{3-2} = a^1$

$\frac{a^3}{a^3} = a^{3-3} = a^0$

$\frac{a^2}{a^3} = a^{2-3} = a^{-1}$

$\frac{a^2}{a^4} = a^{2-4} = a^{-2}$

$\frac{a^2}{a^5} = a^{2-5} = a^{-3}$

Julia:

$\frac{a^3}{a^2} = \frac{a \cdot a \cdot a}{a \cdot a} = a$

$\frac{a^3}{a^3} = \frac{a \cdot a \cdot a}{a \cdot a \cdot a} = 1$

$\frac{a^2}{a^3} = \frac{a \cdot a}{a \cdot a \cdot a} = \frac{1}{a}$

$\frac{a^2}{a^4} = \frac{a \cdot a}{a \cdot a \cdot a \cdot a} = \frac{1}{a^2}$

$\frac{a^2}{a^5} = \frac{a \cdot a}{a \cdot a \cdot a \cdot a \cdot a} = \frac{1}{a^3}$

Julia und Christopher vergleichen ihre Ergebnisse und sehen:

$a^1 = a; \quad a^0 = 1; \quad a^{-1} = \frac{1}{a}; \quad a^{-2} = \frac{1}{a^2}; \quad a^{-3} = \frac{1}{a^3}$.

Regel

Für Potenzen mit negativen Exponenten gilt:

$a^{-n} = \frac{1}{a^n}$ $(n \in \mathbb{N}_0)$.

1 Schreibe ohne negative Exponenten.

a) 3^{-2} b) 6^{-1} c) $(3a)^{-2}$ d) $(a + b)^{-1}$ e) $(x - y)^{-2}$

Potenzgesetze bei Potenzen mit ganzzahligen Exponenten

Info

Die bekannten Potenzgesetze (P1) bis (P3) gelten auch für Potenzen mit negativen Exponenten.

2 **Wende (P1) bis (P3) an.**

Vereinfache die Terme und schreibe das Ergebnis ohne negative Zahl im Exponenten.

a) (P1a)

$2^5 \cdot 2^{-3}$; $0{,}1^8 \cdot 0{,}1^{-9}$; $(-2)^3 \cdot (-2)^{-5}$

$a^6 \cdot a^{-7}$; $(-x)^{-4} \cdot (-x)^{-6}$; $(a+b)^3 \cdot (a+b)^{-5}$

b) (P1b)

$\frac{2^3}{2^{-1}}$; $\frac{0{,}5^{-1}}{0{,}5^{-2}}$; $\frac{(-2)^{-3}}{(-2)^{-5}}$

$\frac{x^{-3}}{x^2}$; $\frac{(-a)^2}{(-a)^{1}}$; $\frac{x^{-8} \cdot y^{-7}}{x^{10} \cdot y^{5}}$

c) (P2a)

$4^{-2} \cdot 25^{-2}$; $0{,}2^{-3} \cdot 5^{-3}$; $12{,}5^{-4} \cdot 8^{-4}$

$(0{,}8x)^{-3} \cdot 12{,}5^{-3}$; $(-2{,}5a^2)^{-3} \cdot (4a^2)^{-3}$; $(a+b)^{-1} \cdot (a-b)^{-1}$

d) (P2b)

$\frac{21^{-2}}{7^{-2}}$; $\frac{2^{-4}}{0{,}5^{-4}}$; $\frac{(-1{,}21)^{-4}}{(-1{,}1)^{-4}}$

$\frac{(9x^2)^{-3}}{(3x)^{-3}}$; $\frac{\left(\frac{a}{5}\right)^{-3}}{\left(\frac{a^2}{25}\right)^{-3}}$; $\frac{(x^2+2xy+y^2)^{-3}}{(x+y)^{-3}}$

e) (P3)

$(2^{-5})^{-2}$; $(0{,}1^{-2})^{-3}$; $[(-3)^{-2}]^{-2}$

$(3x^3)^{-3}$; $(-0{,}2a^{-3})^{-2}$; $[(x-1)^{-2}]^3$

Normdarstellung für „kleine" Zahlen

Mit der Festlegung $a^{-n} = \frac{1}{a^n}$ ($n \in \mathbb{N}_0$) kannst du speziell auch Zehnerpotenzen mit negativen Exponenten aufschreiben und ausrechnen:

$10^0 = 1$

$10^{-1} = \frac{1}{10^1} = \frac{1}{10} = 0{,}1$

$10^{-2} = \frac{1}{10^2} = \frac{1}{100} = 0{,}01$ usw.

Darum geht es

Wie bei der Normdarstellung von sehr großen Zahlen kannst du auch sehr kleine Zahlen mithilfe von Zehnerpotenzen aufschreiben. Wir legen wieder eine Normdarstellung fest.

Beispiel: $0,0\,0\,\mathbf{2}\,3 = \frac{23}{10\,000} = \frac{23}{10^4} = \frac{2,3}{10^3} = \mathbf{2},3 \cdot 10^{-3}$

↓

3. **Nachkommastelle**

Der Faktor vor der Zehnerpotenz ist wieder eine Zahl zwischen 1 und 10.
Der Exponent der Zehnerpotenz gibt die Platzziffer der Nachkommastelle an, die als erste ungleich null ist.

Beispiel: also: $0,0\,0\,0\,5\,0\,1 = 5,01 \cdot 10^{-4}$

↓

4. Platz

Info

Bei der Eingabe solcher Zehnerpotenzen in den Taschenrechner benötigst du die „Vorzeichenwechseltaste" [+/-].

Beispiel: Aufgabe: $3,06 \cdot 10^{-8} \cdot 5,1 \cdot 10^{-3} = \ldots$

Eingabe: [3] [.] [0] [6] [EXP] [8] [+/-] [×] [5] [.] [1] [EXP] [3] [+/-] [=]

Anzeige: 1.5606^{-10}

Ergebnis: $1,5606 \cdot 10^{-10}$

3 **Schreibe in Normdarstellung.**

a) 0,0035 b) 0,000 401 c) 0,000 000 78

4 **Berechne mit demTaschenrechner.**

a) $1,8 \cdot 10^{-2} + 9,3 \cdot 10^{-3}$

b) $2,5 \cdot 10^{-4} - 8,7 \cdot 10^{-3}$

c) $6,01 \cdot 10^{-5} \cdot 7 \cdot 10^{-2}$

d) $2,3 \cdot 10^{-2} : (1,4 \cdot 10^{-5})$

3.6 Potenzen mit rationalen Exponenten und „höhere" Wurzeln

Höhere Wurzeln

Quadratwurzel und Kubikwurzel

Die „Quadratwurzel" $\sqrt{a}$ kannst du dir anschaulich vorstellen als die Seitenlänge eines Quadrates mit dem Flächeninhalt *a*.

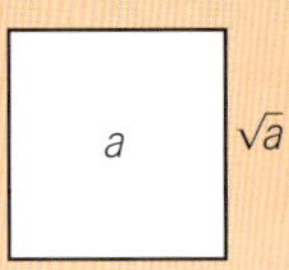

$A = (\sqrt{a})^2 = a$ Flächeninhalt des Quadrats

Entsprechend kannst du dir die „3. Wurzel" oder „Kubikwurzel" anschaulich vorstellen als Kantenlänge eines Würfels mit dem Volumen *a*.

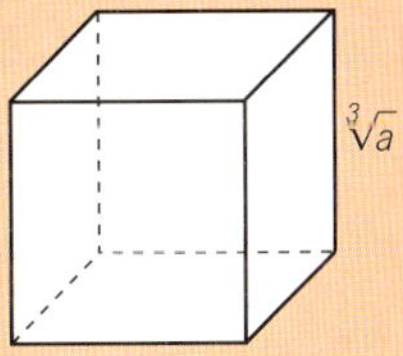

$V = \left(\sqrt[3]{a}\right)^3 = a$ Volumen des Würfels

Beispiel: Die Gleichung $\sqrt[3]{64} = 4$ bedeutet also anschaulich: „Ein Würfel mit dem Volumen 64 hat die Kantenlänge 4."

Merke Höhere Wurzeln, also $\sqrt[4]{a}$, $\sqrt[5]{a}$ usw. haben keine anschauliche Bedeutung mehr. Für die „*n*-te Wurzel" kannst du sinngemäß die Gleichung aufschreiben: $\left(\sqrt[n]{a}\right)^n = a \quad (a \in \mathbb{R}^+, n \in \mathbb{N})$.

1 **Schreibe als Wurzelgleichung.**

a) $2^5 = 32$ b) $3^4 = 81$ c) $0{,}2^5 = 0{,}000\,32$ d) $\left(\frac{2}{3}\right)^4 = \frac{16}{81}$

2 **Löse die Gleichung.**

a) $x^3 = 64$ b) $x^4 = \frac{1}{16}$ c) $x^5 - 243 = 0$

3 **Berechne die Wurzeln.**

a) $\sqrt[3]{8}$ b) $\sqrt[5]{\frac{32}{3\,125}}$ c) $\sqrt[4]{0{,}0081}$ d) $\sqrt[10]{1\,024}$ e) $\sqrt[4]{0{,}0016}$

Potenzen $a^{\frac{m}{n}}$ mit rationalem Exponenten

Darum geht es

Du siehst jetzt an zwei Beispielen, wie du eine Potenz anders schreiben kannst, in deren Exponent ein Bruch steht. Dazu brauchst du deine Kenntnisse über höhere Wurzeln.

Beispiele:

1. $\left(a^{\frac{1}{3}}\right)^3 = a^{\frac{1}{3}\cdot 3} = a^1 = a$ (Anwendung von P3) $\left(\sqrt[3]{a}\right)^3 = a$ $(a \geq 0)$
2. $\left(a^{\frac{2}{3}}\right)^3 = a^{\frac{2}{3}\cdot 3} = a^2$ (Anwendung von P3) $\left(\sqrt[3]{a^2}\right)^3 = a^2$ $(a \geq 0)$

Regeln

$a^{\frac{1}{n}} = \sqrt[n]{a}$ und $a^{\frac{m}{n}} = \sqrt[n]{a^m}$ $(a \geq 0;\ m, n \in \mathbb{N})$

Wichtig Du kannst dir die Quadrat- und die Kubikwurzel anschaulich geometrisch als Längen vorstellen. Da Längen nicht negativ sein können, gilt die Vereinbarung, dass auch Wurzeln höherer Ordnung nicht negativ sein dürfen.

Info

$\sqrt[n]{a} \geq 0$ ($a \geq 0$; $n \in \mathbb{N}$)

Achtung! Die folgende Gleichung ist daher falsch: $\sqrt[2]{(-3)^2} = -3$.
In einem solchen Fall benutzt du Betragsstriche und schreibst richtig:
$\sqrt[2]{(-3)^2} = |-3| = 3$ oder allgemein $\sqrt[2]{a^2} = |a|$.

4 Schreibe als Wurzel und berechne.

a) $27^{\frac{1}{3}}$ b) $64^{\frac{1}{6}}$ c) $0{,}04^{\frac{1}{2}}$ d) $1\,024^{0{,}1}$

e) $\left(\frac{16}{81}\right)^{\frac{1}{4}}$ f) $8^{\frac{2}{3}}$ g) $0{,}01^{\frac{3}{2}}$ h) $0{,}0016^{\frac{3}{4}}$

Hinweis Du kannst diese Aufgaben auch zusätzlich mit dem Taschenrechner lösen. Achte dabei darauf, den Exponenten in Klammern zu setzen, falls dieser eine Bruchzahl ist.
Beispiel: Aufgabe: $27^{\frac{1}{3}}$
Eingabe: [2] [7] [x^y] [×] [(] [1] [÷] [3] [)] [=]
Ergebnisanzeige: 3

5 Vereinfache.

a) $\sqrt[2]{(-5)^2}$ b) $\sqrt[3]{(-a)^3}$ c) $\sqrt[3]{(-2x)^3}$ d) $\sqrt[5]{243a^5}$

e) $\sqrt[2]{(x+y)^2}$ f) $\sqrt[3]{(r+s)^3}$ g) $\sqrt{a^2 - 2ab + b^2}$ h) $\sqrt{x^2 + 6x + 9}$

Hinweise
- ▷ Auch für Potenzen mit rationalen Exponenten gelten die Potenzgesetze (P1) bis (P5).
- ▷ Wenn du mit Wurzeltermen rechnest, ist es oft günstiger, wenn du die Wurzeln in Potenzen umwandelst und damit weiterrechnest. Wenn nötig, kannst du die Potenzen am Ende wieder in Wurzeln umwandeln.

6 Wende Potenzgesetze an ($a, b, x, y, z > 0$).

a) $7^{\frac{1}{2}} \cdot 7^{\frac{1}{4}}$ b) $a^{\frac{2}{3}} \cdot a^{\frac{1}{6}}$ c) $a^0 \cdot a^{-\frac{2}{5}}$ d) $y^{-\frac{1}{2}} \cdot \sqrt{y}$

e) $3^{\frac{1}{2}} : 3^{\frac{1}{4}}$ f) $z^{\frac{3}{4}} \cdot z^{-\frac{1}{8}}$ g) $x : x^{-\frac{1}{2}}$ h) $b^{\frac{5}{6}} : \sqrt[3]{b^4}$

i) $8^{\frac{1}{2}} \cdot 2^{\frac{1}{2}}$ j) $12^{\frac{3}{2}} \cdot 3^{\frac{3}{2}}$ k) $x^{\frac{1}{4}} \cdot y^{\frac{1}{4}}$ l) $a^{\frac{1}{3}} \cdot (b^2)^{\frac{1}{3}}$

m) $32^{\frac{1}{4}} : 2^{\frac{1}{4}}$ n) $72^{\frac{2}{3}} : 9^{\frac{2}{3}}$ o) $a^{\frac{6}{7}} : b^{\frac{6}{7}}$ p) $x^{\frac{3}{5}} : (y^2)^{\frac{3}{5}}$

q) $\left(2^{\frac{1}{3}}\right)^6$ r) $\left(81^{\frac{1}{8}}\right)^2$ s) $(y^3)^{\frac{1}{6}}$ t) $\left(z^{\frac{2}{5}}\right)^{-\frac{5}{4}}$

Wurzelgesetze

Darum geht es

Wurzelterme kannst du vereinfachen und zusammenfassen, indem du sie zunächst in Potenzen verwandelst. Dann kannst du die Potenzgesetze anwenden und zum Schluss das Ergebnis wieder als Wurzel schreiben. Es gibt aber auch Gesetze für das Rechnen mit Wurzeln. Diese Gesetze kannst du mithilfe der Potenzschreibweise und der Potenzgesetze beweisen.

Beispiel: $\sqrt[n]{a} \cdot \sqrt[n]{b} = a^{\frac{1}{n}} \cdot b^{\frac{1}{n}} = (a \cdot b)^{\frac{1}{n}} = \sqrt[n]{a \cdot b}$

Regel

$\sqrt[n]{a} \cdot \sqrt[n]{b} = \sqrt[n]{a \cdot b}$

7 **Beweise mithilfe der Potenzschreibweise und der Potenzgesetze die Regeln:**

a) $\sqrt[n]{a} : \sqrt[n]{b} = \sqrt[n]{a : b}$ und

b) $\sqrt[n]{\sqrt[m]{a}} = \sqrt[n \cdot m]{a}$.

8 **Wende Wurzelgesetze an ($a, b, x, z > 0$).**

a) $\sqrt{2} \cdot \sqrt{50}$

b) $\sqrt[3]{3} \cdot \sqrt[3]{9}$

c) $\sqrt[3]{4} \cdot \sqrt[3]{54}$

d) $\sqrt[5]{2a^4} \cdot \sqrt[5]{16a}$

e) $\sqrt[4]{0{,}2} \cdot \sqrt[4]{0{,}008}$

f) $\frac{\sqrt[2]{75}}{\sqrt[2]{25}}$

g) $\frac{\sqrt[3]{250}}{\sqrt[3]{2}}$

h) $\frac{\sqrt[3]{z^8}}{\sqrt[3]{z^2}}$

i) $\frac{\sqrt[3]{8a^4}}{\sqrt[3]{343a}}$

j) $\frac{\sqrt[3]{27a^{-3}b}}{\sqrt[3]{125b^4}}$

k) $\sqrt[2]{\sqrt[2]{16}}$

l) $\sqrt[2]{\sqrt[3]{x^6}}$

m) $\sqrt[3]{\sqrt[2]{a^{12}b^{18}}}$

n) $\sqrt[3]{\sqrt[2]{\sqrt[3]{x^{36}}}}$

o) $\sqrt[3]{a^6 \cdot \sqrt[2]{b^{12}}}$

Spezielle Termumformungen bei Wurzeltermen

Du lernst jetzt anhand von Beispielen spezielle Arten von Termumformungen kennen.

1. Teilweises Wurzelziehen

Darum geht es

Manchmal kannst du im Term unter der Wurzel einen Faktor abspalten, aus dem du dann die „Wurzel ziehen" kannst. Du kannst also nur „teilweise die Wurzel ziehen".

Beispiel: $\sqrt[6]{a^{14}} = \sqrt[6]{a^{12+2}} = \sqrt[6]{a^{12}} \cdot \sqrt[6]{a^2} = a^{\frac{12}{6}} \cdot a^{\frac{2}{6}} = a^2 \cdot a^{\frac{1}{3}} = a^2 \cdot \sqrt[3]{a}$

9 **Ziehe teilweise die Wurzel (a, x, $y > 0$).**

a) $\sqrt[2]{18}$ b) $\sqrt[3]{24}$ c) $\sqrt[2]{\frac{15}{49}}$ d) $\sqrt[2]{50a^2}$ e) $\sqrt[3]{250x^4}$ f) $\sqrt[3]{\frac{24x^4}{375y^5}}$

2. Rationalmachen des Nenners

Darum geht es

Im Nenner eines Bruches steht eine Wurzel. Durch Erweitern mit einem geeigneten Term kannst du den Nenner des Bruches „wurzelfrei" machen oder den Nenner sogar zum Verschwinden bringen.

Beispiele:

$$\frac{6}{\sqrt{2}} = \frac{6 \cdot \sqrt{2}}{\sqrt{2} \cdot \sqrt{2}} = \frac{6 \cdot \sqrt{2}}{2} = 3 \cdot \sqrt{2}$$

$$\frac{a-b}{\sqrt{a}-\sqrt{b}} = \frac{(a-b)(\sqrt{a}+\sqrt{b})}{(\sqrt{a}-\sqrt{b})(\sqrt{a}+\sqrt{b})} = \frac{(a-b)(\sqrt{a}+\sqrt{b})}{a-b} = \sqrt{a}+\sqrt{b}$$

10 **Mache den Nenner rational.**

a) $\frac{3}{\sqrt{5}}$ b) $\frac{1}{\sqrt[3]{2}}$ c) $\frac{3}{\sqrt[4]{4}}$ d) $\frac{1}{\sqrt[5]{64}}$

e) $\frac{1}{1+\sqrt{2}}$ f) $\frac{1}{3-\sqrt{5}}$ g) $\frac{2+\sqrt{3}}{2-\sqrt{3}}$ h) $\frac{\sqrt{a}+\sqrt{b}}{\sqrt{a}-\sqrt{b}}$

3.7 Graphen von Potenzfunktionen

Potenzfunktionen $y = x^a$ ($a \in \mathbb{R}$; $x > 0$)

Darum geht es

Die Funktionen $y = x^a$ bilden eine Art „Großfamilie", und wie bei allen Familien sehen sich die Mitglieder der einzelnen Zweige dieser Großfamilie sehr ähnlich.

Regel

Im Bereich $x > 0$ haben die Mitglieder der einzelnen Zweige jeweils folgende Gestalt:

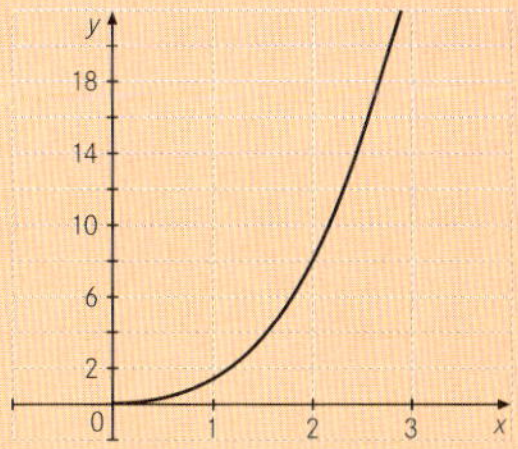

$y = x^a \quad a > 1$

z. B. $y = x^3$

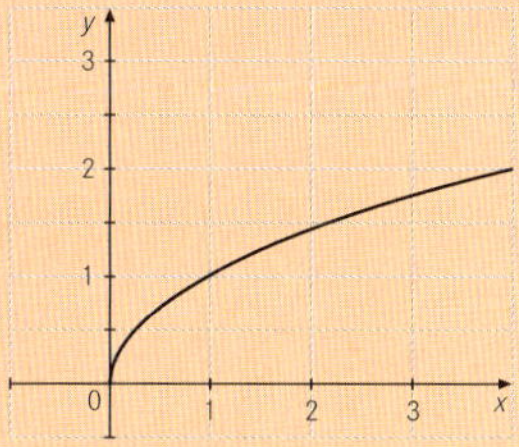

$y = x^a \quad 0 < a < 1$

z. B. $y = x^{0,5}$

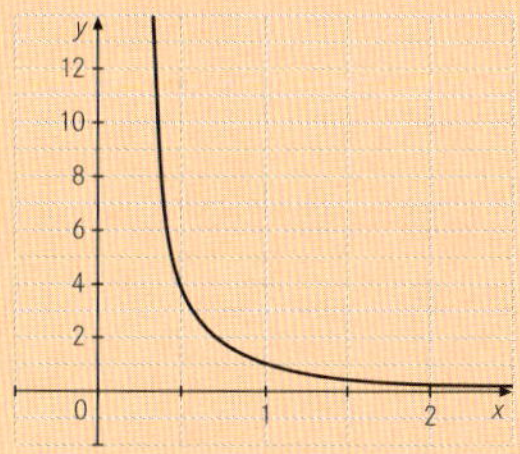

$y = x^a \quad a < 0$

z. B. $y = x^{-2}$

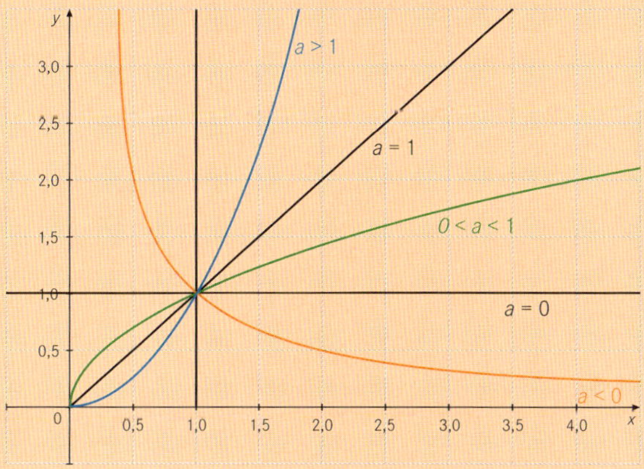

In einem gemeinsamen Koordinatensystem erhältst du gewissermaßen ein Bild der kompletten „Großfamilie“ der Potenzfunktionen; die Funktionen $y = x^1$ und $y = x^0$ als „Singles“, die keinem besonderen Zweig der Familie angehören, sind hier mit aufgenommen.

1 **Kreuze an.**

Welche der folgenden Graphen könnten zu welchen Potenzfunktionen gehören?

$f(x)$	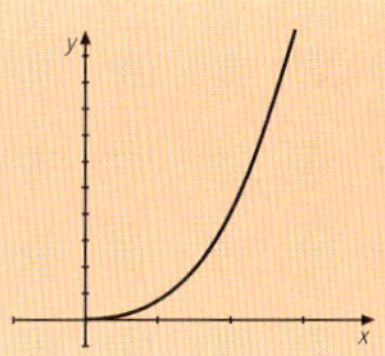	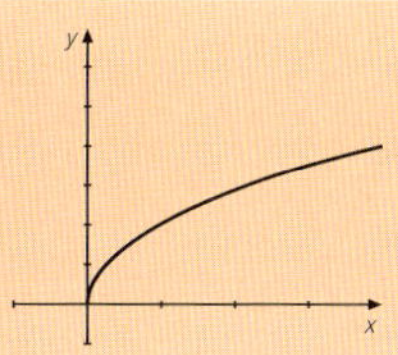	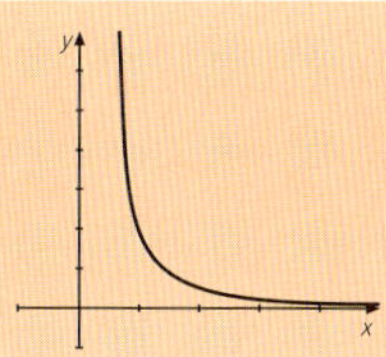
$\sqrt{x}$			
$x^{1,2}$			
$x^{-3,7}$			
$x^{0,9}$			

x^{9}			
x^{-9}			
$x^{-0,1}$			

Potenzfunktionen $y = x^n$ ($n \in \mathbb{Z}$; $x \in \mathbb{R}$)

Betrachtest du Potenzfunktionen aus der Familie $y = x^n$ speziell mit **ganzzahligen** Exponenten n, so beobachtest du vier Muster, die die einzelnen Zweige der Familie darstellen.

Regel

$y = x^{\text{plus gerade}}$ (z. B.: $y = x^2; x^4; x^6$ usw.)

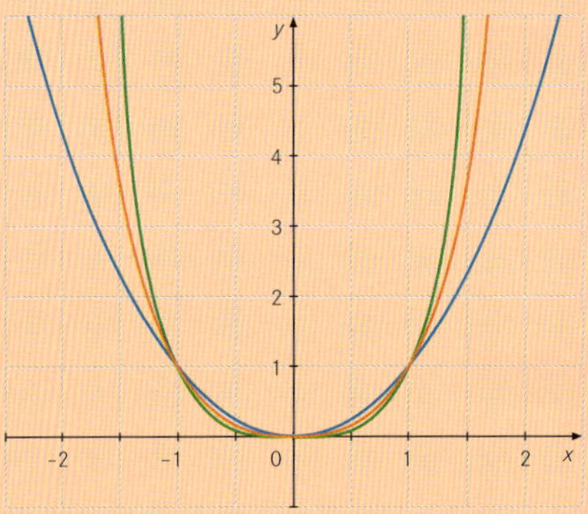

$y = x^{\text{plus ungerade}}$ (z. B.: $y = x^3; x^5; x^7$ usw.)

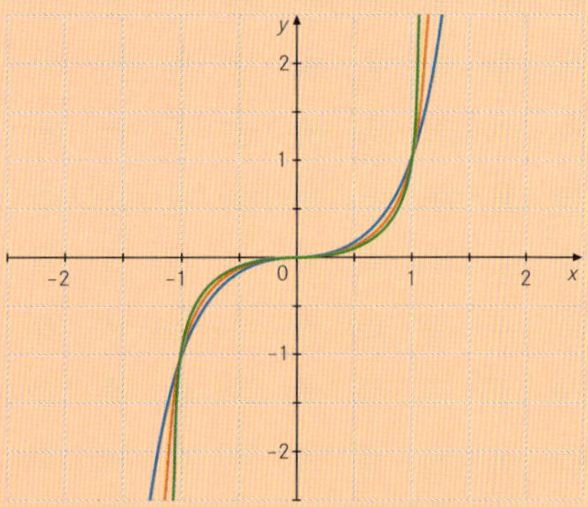

$y = x^{\text{minus gerade}}$ (z. B.: $y = x^{-2}; x^{-4}; x^{-6}$ usw.)

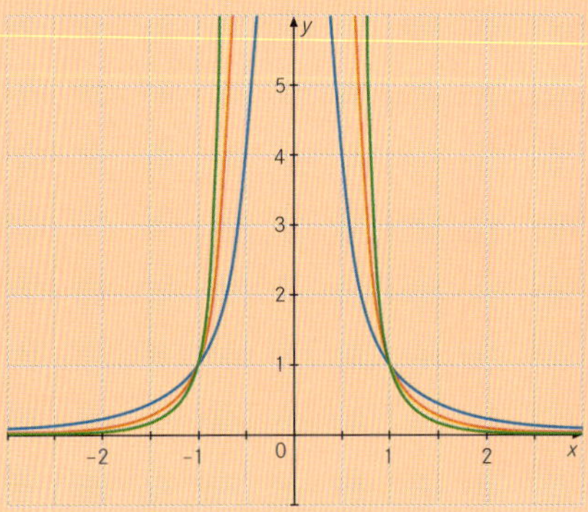

$y = x^{\text{minus ungerade}}$ (z. B.: $y = x^{-1}; x^{-3}; x^{-5}$ usw.)

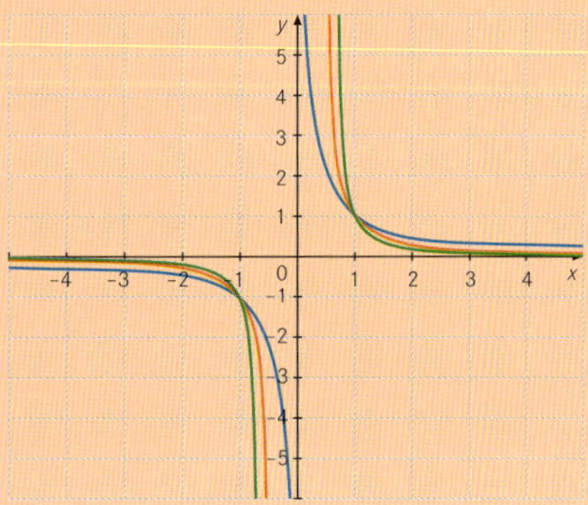

2 **Kreuze an.**

In dieser Tabelle kannst du die besonderen Eigenschaften von Potenzfunktionen ankreuzen.

	Symmetrien		Besondere Punkte			
y	Achsen-symmetrie	Punkt-symmetrie	$(0\|0)$	$(1\|1)$	$(-1\|-1)$	$(-1\|1)$
x^2						
x^3						
x^4						
x^5						
x^6						
x^{-1}						
x^{-2}						
x^{-3}						
x^{-4}						

3 **Wer gehört zu wem?**

Welcher Funktionsgraph gehört zu welcher Funktionsgleichung?

a)

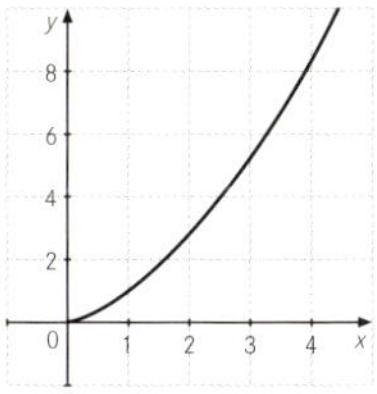

b)

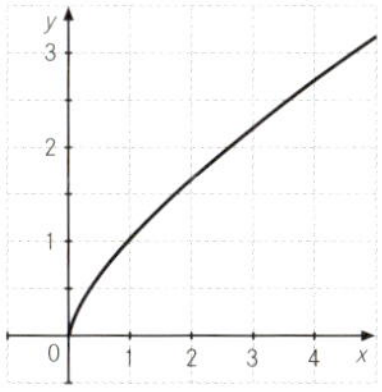

c)

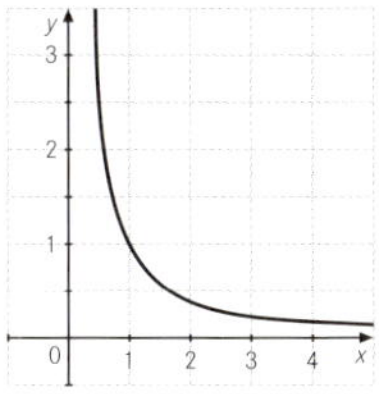

d)

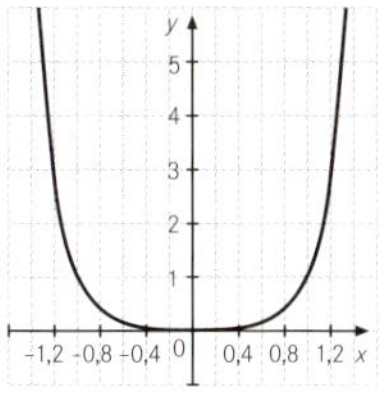

$y = x^{-1,3}$; $y = x^{1,5}$; $y = x^{6}$; $y = x^{0,7}$

Test Kapitel 3

1 Gib jeweils in Normdarstellung an. |2|

a) 50 730 000 000   b) 0,000 000 006 12

2 Minus verboten! |12|

Vereinfache die folgenden Potenzterme so weit wie möglich.
Schreibe das Ergebnis ohne „Minus“ im Exponenten:

a) $b^3b^{-5}b^{-1}$ b) $\frac{x^7y^5}{xy^7}$ c) $(x^2y^{-4})^{-3}$

d) $a^ma^{-2m}a^{-2}$ e) $\frac{x^n}{x^{n-m}}$ f) $-[(-1)^{2m+1}]$

3 Wo liegt der Fehler? |4|

In welcher Zeile passiert bei den folgenden Termumformungen der erste Fehler? Unterstreiche.

	a)	b)	c)	d)
	$\frac{c^{m+1}-c^m}{c^m} =$	$\frac{(b^2-a^2)^m}{(b+a)^m} =$	$\sqrt[n^2-1]{a^{n-1}} =$	$\frac{c-3}{\sqrt{c}-\sqrt{3}} =$
Zeile 1	$\frac{c^1}{c^m} =$	$\frac{(b+a)^m \cdot (b-a)^m}{(b+a)^m} =$	$a^{\frac{n-1}{n^2-1}}$	$\frac{\sqrt{c}^2-\sqrt{3}^2}{\sqrt{c}-\sqrt{3}} =$
Zeile 2	$c^{1+m} =$	$(b-a)^m =$	$a^{\frac{1}{n^2-1}} =$	$\sqrt{c}-\sqrt{3} =$
Zeile 3	$c^m =$	$b^m - a^m =$	$\sqrt[n+1]{a} =$	$\sqrt{c-3} =$

4 Wurzeln bearbeiten |6|

a) Ziehe teilweise die Wurzel.

$\sqrt{\frac{64x^4}{y^7z}}$ $(y, z, > 0)$

b) Mache den Nenner rational (d. h. wurzelfrei).

$\frac{2}{3+\sqrt{2}}$

5 Vereinfache so weit wie möglich. |3|

$\frac{1+4x^{-1}+4x^{-2}}{x^{-1}+2x^{-2}}$

||27||

Wie viele Punkte hast du? Erreichst du mehr als 21 Punkte, beherrschst du den Inhalt des Kapitels wirklich gut. Erreichst du weniger als 11 Punkte, dann solltest du dieses Kapitel wiederholen.

4 KREIS UND KREISAUSSCHNITT

Was du schon können musst:

- ▷ Winkel messen und zeichnen
- ▷ einfache Terme mit Variablen umformen
- ▷ die Begriffe „Durchmesser“ und „Radius“ eines Kreises kennen
- ▷ den Satz des Pythagoras anwenden

Darum geht es

- ▶ Flächen am Kreis (Kreisfläche, Kreisausschnittsfläche) berechnen
- ▶ die Länge von Kreisbögen berechnen
- ▶ Berechnungen an zusammengesetzten Figuren durchführen

4.1 Umfang und Flächeninhalt des Kreises

Probleme bei der Messung von Längen und Flächen

„Messen“ bedeutet: mit einer „Maßeinheit“ vergleichen.

Beispiele:

- ▶ Wenn du 55 kg wiegst, müssen 55 1-Kilo-Stücke auf der zweiten Waagschale liegen, damit die Waage im Gleichgewicht ist.
- ▶ Wenn du 1,50 m groß bist, dann muss man einen Stab von 1 m Länge und einen weiteren mit der halben Länge aufeinanderstellen, damit sie zusammen deine Größe erreichen.
- ▶ Wenn ein Blatt Papier die Fläche 200 cm^2 hat, dann haben genau 200 Quadrate jeweils mit der Seitenlänge 1 cm auf diesem Blatt Papier Platz.

Darum geht es

Schwierig ist es, die Länge einer Linie zu messen, wenn diese Linie nicht gerade ist. Ebenso ist es schwierig, die Größe einer Fläche zu messen, wenn diese Fläche nicht geradlinig begrenzt ist.
Ein Beispiel ist der Kreis:
Du kannst seinen Umfang mit dem Lineal nicht messen, und auch seine Fläche lässt sich nicht völlig mit kleinen Quadraten auslegen: Irgendwo steht immer etwas über oder es fehlt etwas.

Die Kreiszahl π

Um den Umfang von verschieden großen Kreisen, d. h. Kreisen mit verschiedenem Durchmesser, praktisch zu untersuchen, kannst du bei Gefäßen mit kreisförmigem Querschnitt, z. B. Dosen, mit einem Maßband oder einem Faden deren Umfang messen. Misst du mit einem Lineal auch deren Durchmesser, wirst du feststellen, dass ein Kreis mit doppelt so großem Durchmesser auch einen doppelt so großen Umfang hat.

Die Kreiszahl π

Umfang und Durchmesser sind „proportional".
Wenn man das Verhältnis von Umfang und Durchmesser bildet, stellt man fest, dass **näherungsweise** gilt: $U : d = 3$.
Mit verfeinerten Methoden, die wir hier nicht betrachten wollen, kann man herausfinden, dass $U : d = 3{,}14 \ldots$ Diese Verhältniszahl $U : d$, die bei allen Kreisen die gleiche ist, nennt man deshalb die Kreiszahl π.

Der Umfang U

$U : d = \pi$ oder $U = \pi d$
Der „Radius" ist der halbe Durchmesser: $d = 2r$.
Damit gilt für den Umfang eines Kreises:
$U = \pi d = 2\pi r$.

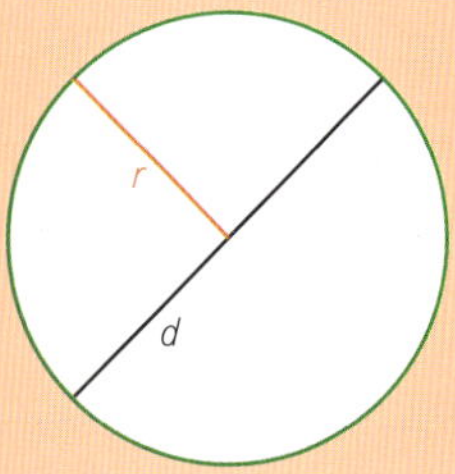

Der Flächeninhalt eines Kreises

Um den Flächeninhalt eines Kreises praktisch zu bestimmen, kannst du den Kreis in sehr viele „Sektoren" zerschneiden und neu zu einer Figur zusammensetzen, die ungefähr die Gestalt eines Rechtecks hat. Je größer die Anzahl der Sektoren ist, desto weniger unterscheidet sich die zusammengesetzte Figur von einem Rechteck.

Aus der Zeichnung kannst du erkennen: Die Höhe dieses Rechtecks ist der Radius, die Breite des Rechtecks ist der halbe Umfang des Kreises. Für den Flächeninhalt des Rechtecks gilt daher:
$A = r \cdot \frac{U}{2}$.
Du kannst die Formel für den Umfang U des Kreises einsetzen ($U = 2\pi r$) und erhältst: $A = r \cdot \frac{(2\pi r)}{2} = \pi r^2$.

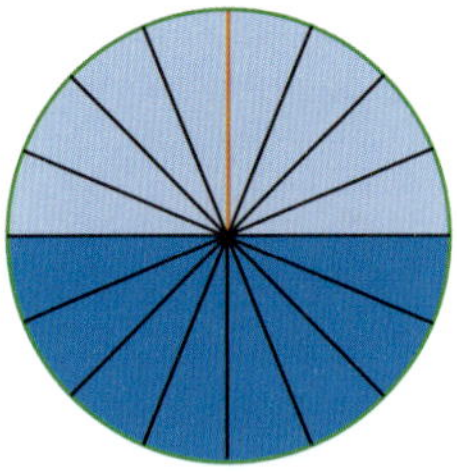

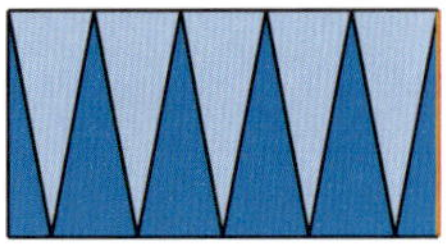

Der Flächeninhalt A

Ein Kreis mit dem Radius r hat den Flächeninhalt $A = \pi r^2$.

1 **Ergänze die Tabelle.**
r ist der Radius, d der Durchmesser, U der Umfang und A der Flächeninhalt eines Kreises.

	a)	b)	c)
r			
d	10 cm		
U		8 m	
A			10 m²

Zusammengesetzte Figuren

Beispiel

Berechne Umfang und Flächeninhalt der abgebildeten Figur.
Vorüberlegung: Die Figur besteht aus einem „Dreiviertelkreis“ mit dem Radius a und einem Quadrat mit der Seitenlänge a.

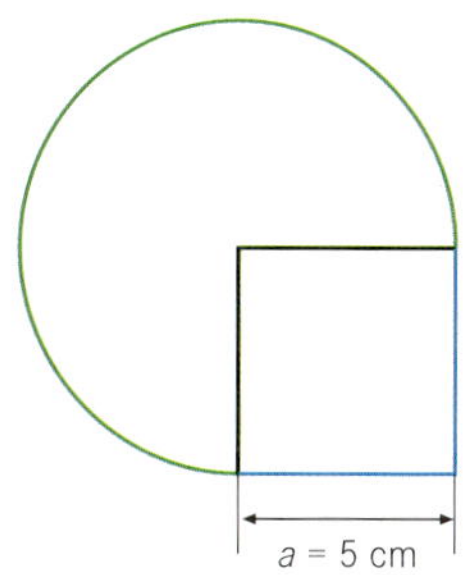

a) Umfang: Der Umfang besteht aus $\frac{3}{4}$ des Kreisumfangs und der Hälfte des Umfangs des Quadrates.

$$U = \frac{3}{4} \cdot 2\pi a + \frac{1}{2} \cdot 4a = \frac{3}{2}\pi a + 2a = a\left(\frac{3}{2}\pi + 2\right)$$

Einsetzen: $U = 5\,\text{cm} \cdot \left(\frac{3}{2}\pi + 2\right) \approx 33{,}56\,\text{cm}$

b) Flächeninhalt: Der Flächeninhalt besteht aus $\frac{3}{4}$ der Kreisfläche und dem Flächeninhalt des Quadrates.

$$A = \frac{3}{4}\pi a^2 + a^2 = \left(\frac{3}{4}\pi + 1\right)a^2$$

Einsetzen: $A = \left(\frac{3}{4}\pi + 1\right) \cdot (5\,\text{cm})^2 \approx 83{,}9\,\text{cm}^2$

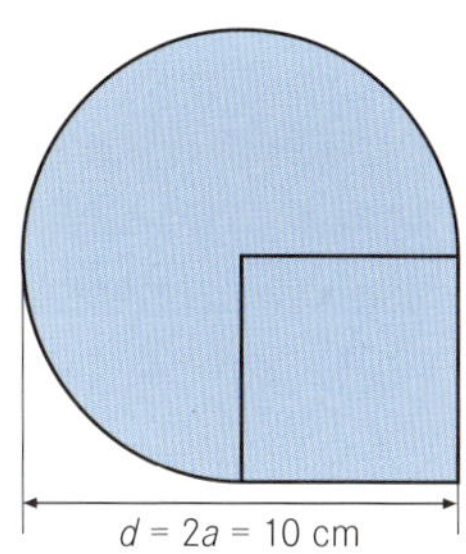

2 **Berechne Flächeninhalt und Umfang der gefärbten Flächen.**
Stelle immer zuerst einen allgemeinen Term auf.

a)
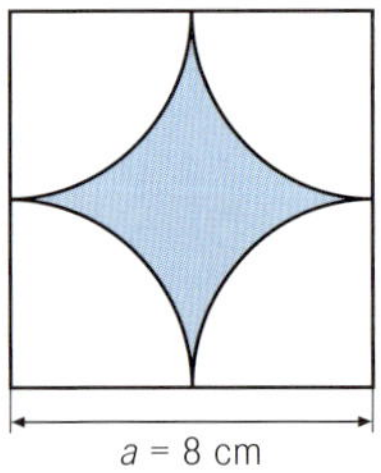

b)
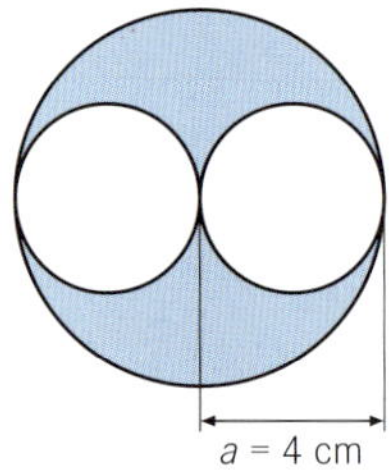

c)
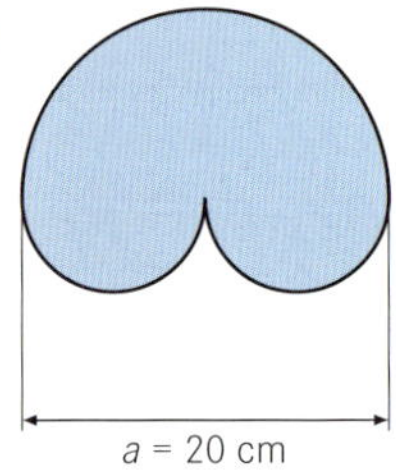

3 **Bestimme die Größe der gefärbten Flächen.**

a)

b)
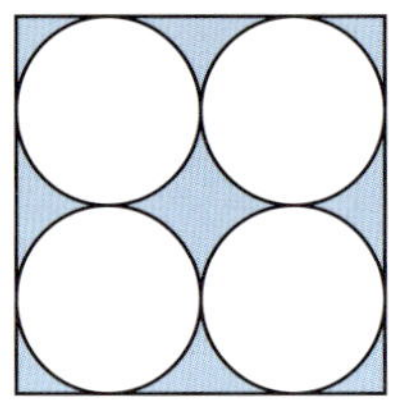

c)
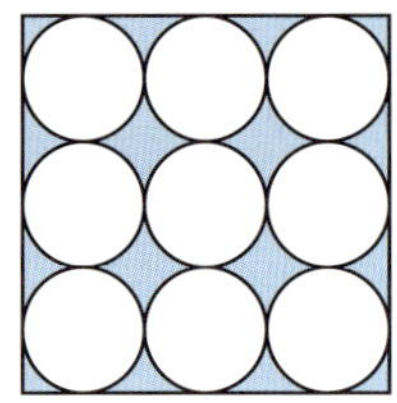

Aus dem Quadrat mit der Seitenlänge a = 12 cm werden 1, 4 bzw. 9 Kreise wie im Bild dargestellt herausgeschnitten. Bilde dir *vor* der Berechnung der drei Restflächen eine Meinung, welche wohl am größten ist.

4 **Das Stadion**
Die Innenbahn eines Leichtathletikstadions soll genau 400 m, jede der Geraden 100 m lang sein. Wie breit ist dann die Rasenfläche in der Mitte?

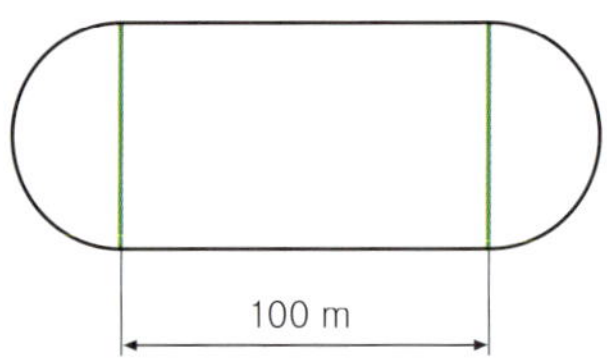

5 **Ein Faden um den Äquator**
Die Erdkugel hat einen Radius von 6 370 km. Denke dir einen Faden um den Äquator gespannt, der fest an der Erdkugel anliegt. Verlängere diesen Faden nun um 10 m und hebe ihn rund um die Erdkugel gleichmäßig ab. In welcher Höhe über dem Boden wird der Faden sich nun befinden? (Schätze zuerst.)

6 **Der Kreisring**
Stelle eine Formel für die Fläche eines Kreisrings auf.
(r = Radius des inneren Kreises; R = Radius des äußeren Kreises)

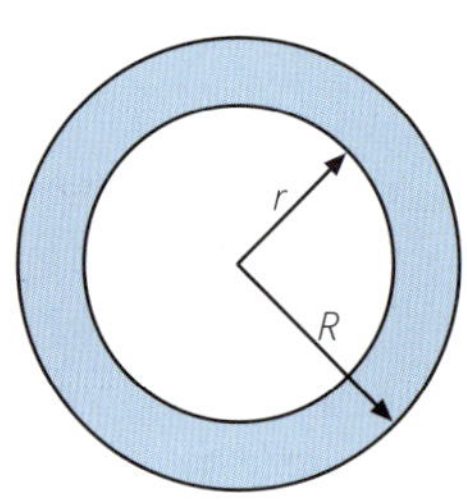

4.2 Kreisausschnitt und Kreisbogen

Christophers Pizza hat einen Radius von 20 cm und ist in 6 gleiche Teile geschnitten.
Julias Pizza hat einen Radius von 15 cm und ist in 4 gleiche Teile geschnitten.
Steffen darf sich ein Stück von einer der beiden Pizzas nehmen und überlegt: Welches Pizzastück wäre wohl das größere, und welches hätte einen längeren knusprigen Käserand?

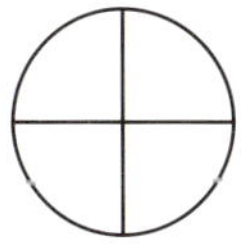
Julias Pizza

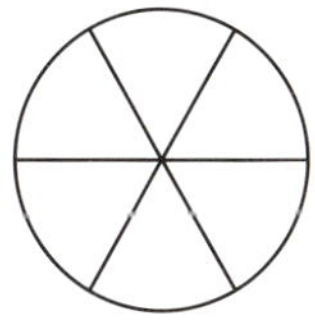
Christophers Pizza

Darum geht es

In der Sprache der Mathematik sind Pizzastücke „Sektoren" einer Kreisfläche. Wenn du einen Ausschnitt oder „Sektor" des Kreises betrachtest, kannst du diesen Sektor mithilfe des Winkels α beschreiben.
Der „Vollwinkel" beträgt 360°. Der Anteil des Sektors am ganzen Kreis entspricht deshalb dem Anteil von α am Vollwinkel. Diesen Anteil kannst du mithilfe des folgenden Bruches beschreiben.

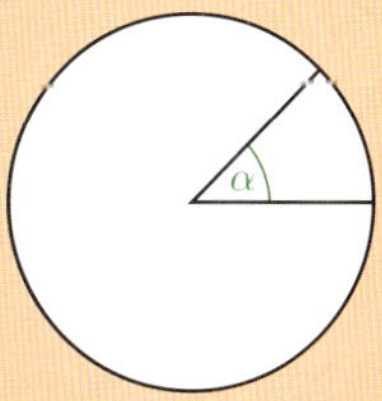

$\frac{\alpha}{360°}$ Wir nennen diesen Bruch „Anteilsfaktor".

Beispiel: Wenn $\alpha = 90°$, dann ist der Sektor $\frac{90°}{360°} = \frac{1}{4}$ vom Kreis.
Das bedeutet, der Kreisbogen hat $\frac{1}{4}$ der Länge des Kreisumfangs, und der Flächeninhalt des Kreissektors beträgt $\frac{1}{4}$ der gesamten Kreisfläche.
Schneidest du aus dem Kreis einen Sektor mit dem Winkel α aus, dann ist der „Anteilsfaktor" $\frac{\alpha}{360°}$, und für den Flächeninhalt des Kreissektors und die Länge des Kreisbogens gilt allgemein:

Der Kreissektor

Fläche des Kreissektors = Fläche des Kreises · Anteilsfaktor

$A_\alpha = \pi r^2 \cdot \frac{\alpha}{360°}$

Länge des Kreisbogens = Kreisumfang · Anteilsfaktor

$b_\alpha = 2\pi r \cdot \frac{\alpha}{360°}$

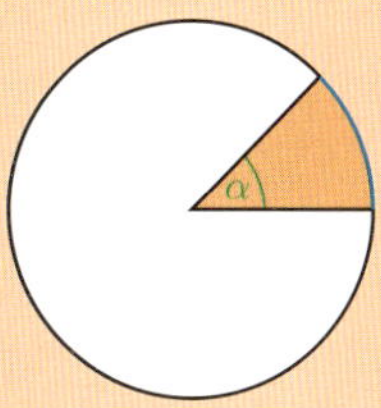

1 **Berechne jeweils die Fläche eines Stücks von Christophers und von Julias Pizza.**
Bestimme auch jeweils die Länge des Käserandes.

2 **Umstellen, aber wie?**
Stelle die Formeln $A_\alpha = \pi r^2 \cdot \frac{\alpha}{360°}$ und $b_\alpha = 2\pi r \cdot \frac{\alpha}{360°}$ nach der Variablen r um.

3 **Berechne die fehlenden Größen.**

Winkel α	Radius r	Sektorfläche A_α	Bogenlänge b_α
35°	8 cm		
	12 m	20 m²	
75°			60 cm
		30 cm²	4 cm

4 **Ein Beweis**

Beweise mithilfe der beiden Formeln für A_α und b_α, dass die folgende Beziehung gilt:

$A_\alpha = \frac{b_\alpha r}{2}$.

Test Kapitel 4

1 **Der Kreisbogen** |4|

a) Berechne die Länge des Kreisbogens s für $\alpha = 30°$ und $r = 1$.

b) Für welchen Winkel α ist beim Kreissektor der Kreisbogen s genauso lang wie der Radius r?

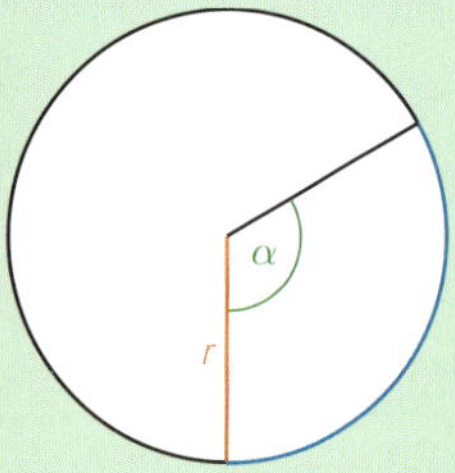

2 **Kreisring und Kreissektor**

a) Ein Gärtner hat eine Lieferung mit gleich vielen gelben und roten Rosen bekommen. Mit den gelben Rosen legt er ein kreisförmiges Beet mit dem Radius 1 m an. Die roten Rosen will er auf einem ringförmigen Beet um die gelben herum anpflanzen. Wie breit muss er dieses ringförmige Beet anlegen? |4|

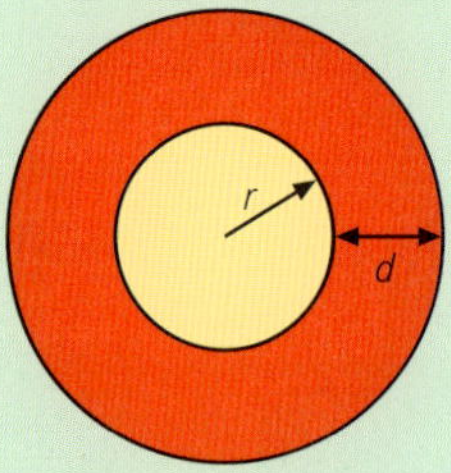

b) Wie groß muss der Winkel α sein, damit der Sektor den gleichen Flächeninhalt hat wie das Quadrat mit der Kantenlänge r? |3|

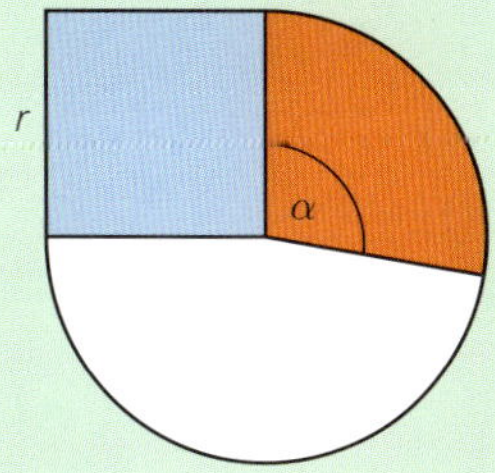

3 Die eingeschlossenen Flächen |10|

Zwischen dem Quadrat und dem Kreis mit dem Radius R ist jeweils eine Fläche eingeschlossen. Welche dieser beiden eingeschlossenen Flächen (blau) ist größer?

a)

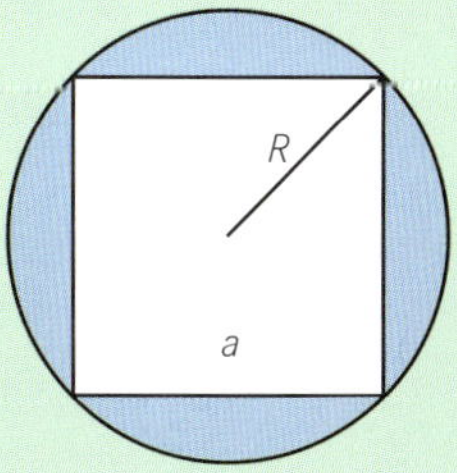

b)

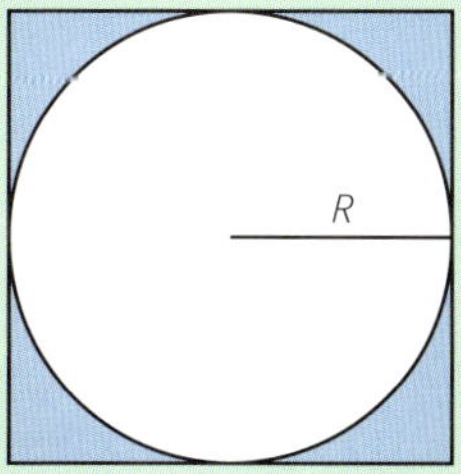

4 Die Kreise im Kreis

a) Wie groß ist die Fläche zwischen den vier Kreisen? Stelle einen Term auf. |3|

b) Ist der Radius R des großen Kreises mehr als 2,5-mal so groß wie der Radius r der vier kleinen Kreise? |4|

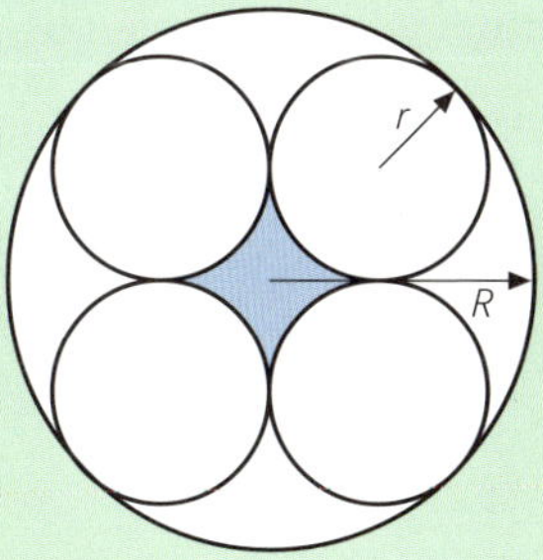

||28||

Wie viele Punkte hast du? Erreichst du mehr als 21 Punkte, beherrschst du den Inhalt des Kapitels wirklich gut. Erreichst du weniger als 11 Punkte, dann solltest du dieses Kapitel wiederholen.

5 PYRAMIDE, ZYLINDER, KEGEL UND KUGEL

Was du schon können musst:

- ▷ das Volumen eines Prismas berechnen
- ▷ die Strahlensätze kennen und anwenden
- ▷ den Satz des Pythagoras kennen und anwenden
- ▷ mit einfachen Wurzeltermen rechnen

Darum geht es

- ▶ Berechnungen zu Oberfläche und Volumen von Pyramide, Zylinder, Kegel und Kugel durchführen

5.1 Netze und Oberflächen

Julia soll für den Mathematikunterricht drei Papiermodelle bauen:
a) eine Pyramide, b) einen Zylinder und c) einen Kegel.

Zu a) Julia denkt nach:
Eine **Pyramide** hat als Boden ein Quadrat. Die Seitenflächen sind vier gleiche Dreiecke; sie müssen gleichschenklig sein, damit sie an den Kanten zusammenpassen.
Diese fünf Flächen bilden zusammen das sogenannte Netz einer Pyramide.

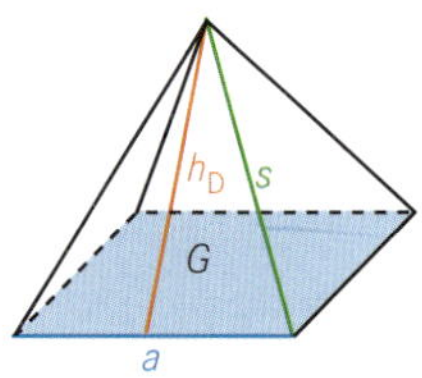

Das Netz einer Pyramide

Grundfläche: $G = a^2$

Dreiecksfläche: $A_D = \frac{a \cdot h_D}{2}$

Das Netz einer Pyramide besteht aus der Grundfläche und 4 Dreiecksflächen.
Aus der Zeichnung kannst du erkennen:

$O = G + 4A_D = a^2 + 4 \cdot \frac{a \cdot h_D}{2}$

$= a^2 + 2a \cdot h_D = a(a + 2h_D)$

Info Nach dem Satz des Pythagoras gilt:
$s^2 = h_D{}^2 + \left(\frac{a}{2}\right)^2$.
Setzt du für h_D den Term $h_D = \sqrt{s^2 - \left(\frac{a}{2}\right)^2}$ ein, so erhältst du die Größe der Oberfläche.

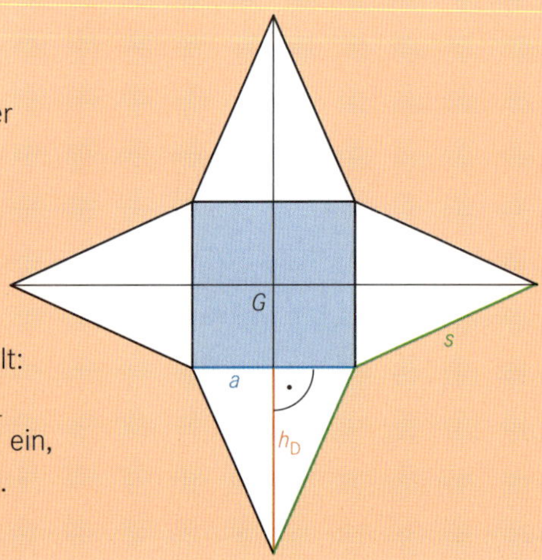

Die Oberfläche der Pyramide

Oberfläche der Pyramide = $a\left(a + 2 \cdot \sqrt{s^2 - \left(\frac{a}{2}\right)^2}\right)$
(a = Grundseite; s = Kantenlänge)
Die „Oberfläche" ist die gesamte Fläche der Pyramide, die man von außen sehen kann, also eigentlich die „Außenfläche".

Zu b) Julia überlegt weiter:
Ein **Zylinder** ist nicht schwer zu bauen: Boden und Deckel sind zwei gleich große Kreise, und der Mantel des Zylinders ist ein Rechteck. Der Zylinder ist dann so hoch wie das Rechteck. Weil das Rechteck genau einmal um den Boden bzw. den Deckel herum passen muss, ist die Breite dieses Rechtecks so groß wie der Umfang des Bodens oder des Deckels.

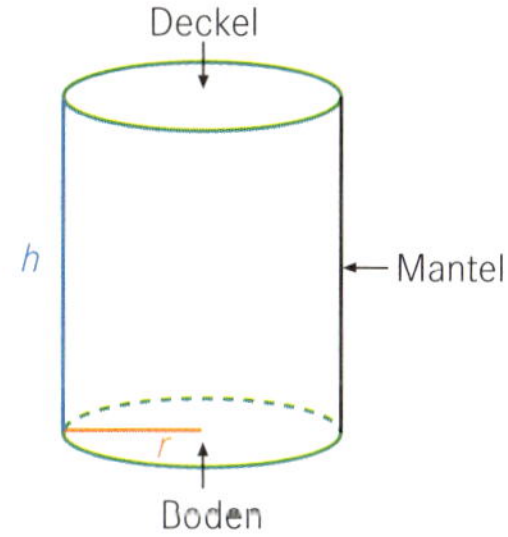

Das Netz eines Zylinders

Kreisfläche: $A = \pi r^2$
Mantelfläche: $A = U \cdot h = 2\pi rh$
Kreisfläche: $A = \pi r^2$
Das Netz eines Zylinders besteht aus 2 Kreisflächen und der Mantelfläche. Nach Julias Überlegungen ergibt sich für die Oberfläche eines Zylinders folgende Formel:

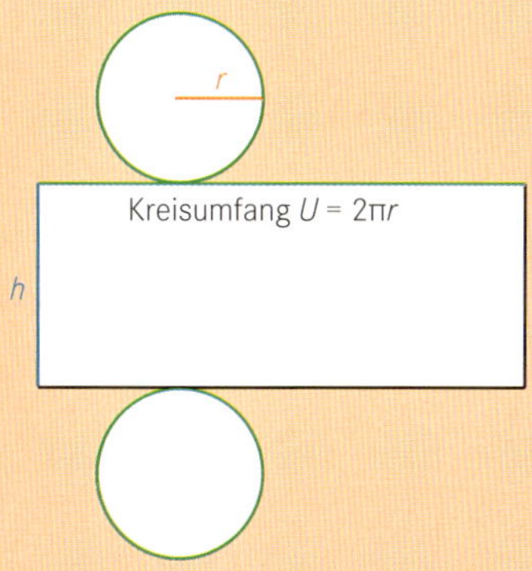

Die Oberfläche des Zylinders

Oberfläche des Zylinders: $O = 2\pi rh + 2\pi r^2$
Mantelfläche des Zylinders: $M = 2\pi rh$
(r = Grundkreisradius; h = Höhe)

Zu c) Ein **Kegel** ist schon etwas komplizierter, denkt Julia: Für den Boden nehme ich einen kleinen Kreis, und für diesen Kreis muss ich dann noch ein „Hütchen" bauen. Für das „Hütchen" nehme ich einen großen Kreis; ich mache einen geraden Schnitt bis zum Mittelpunkt. Dann schiebe ich die linke und die rechte Kante so weit übereinander, bis das Hütchen den gleichen Umfang hat wie der kleine Kreis. Das bedeutet, dass ich von dem großen Kreis eigentlich auch einen Teil wegschneiden könnte ...

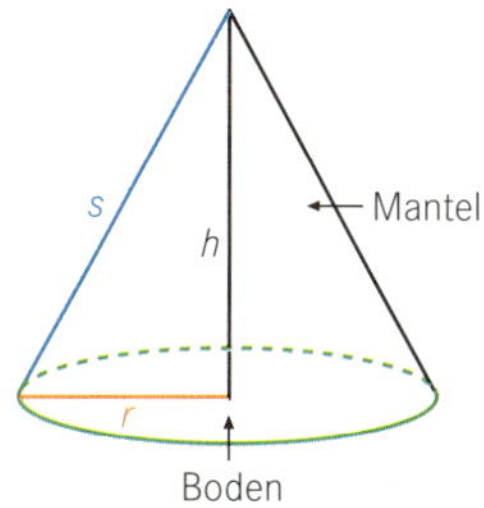

Das Netz eines Kegels

Kreisfläche: $A = \pi r^2$
Länge des Kreisbogens: $b_\alpha = 2\pi r$
Fläche des Kreissektors bzw. des Kegelmantels: $A_\alpha = \frac{b_\alpha s}{2}$
(vgl. Kap 4.2; Aufgabe 4)
r ist der Radius des Grundkreises, s der Radius des Sektors, aus dem der Mantel gebildet wird; s heißt auch „Mantellinie“. Das Netz eines Kegels besteht aus einer Kreisfläche und der Fläche des Kreissektors (Mantel).
Nach Julias Überlegungen ergibt sich:

$$O = \pi r^2 + \frac{b_\alpha s}{2} = \pi r^2 + \frac{2\pi rs}{2} = \pi r^2 + \pi rs$$

Klammerst du jetzt noch πr aus, erhältst du die Formel für die Oberfläche.

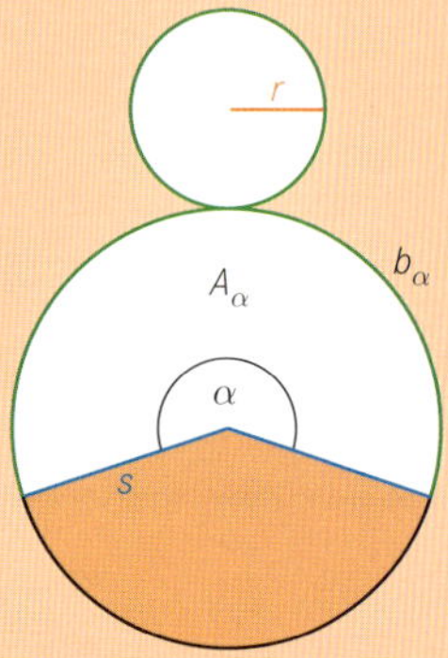

Die Oberfläche des Kegels

Oberfläche des Kegels: $O = \pi r(r + s)$
Mantelfläche des Kegels: $M = \pi rs$
(r = Radius des Grundkreises; s = Mantellinie)

Beispiel

Netz eines Kegels

Zeichne das Netz eines Kegels mit der Höhe $h = 4\,\text{cm}$ und dem Grundkreisradius $r = 2\,\text{cm}$.

▷ Den Grundkreis mit dem Radius $r = 2\,\text{cm}$ kannst du sofort zeichnen. Aber wie berechnet man den Kreissektor, der den Mantel des Kegels bildet; genauer: Wie berechnet man die Mantellinie s und den Winkel α?

▷ Zunächst kannst du mithilfe des Satzes von Pythagoras die Länge s der Mantellinie berechnen.
$h^2 + r^2 = s^2 \quad \Rightarrow \quad s = \sqrt{(h^2 + r^2)}$ (siehe Abbildung S. 65)
$s = \sqrt{(4^2 + 2^2)}\,\text{cm} = \sqrt{20}\,\text{cm} \approx 4{,}47\,\text{cm}$

▷ Der Mantel wird von einem Kreissektor mit der Bogenlänge b_α gebildet. Was weißt du über diese Bogenlänge?
- Die Bogenlänge ist genauso groß wie der Umfang des Grundkreises, also: $b_\alpha = 2\pi r.$
- Für die Bogenlänge gilt außerdem: $\frac{b_\alpha}{U} = \frac{b_\alpha}{2\pi s} = \frac{\alpha}{360°}$ (das ist der „Anteilsfaktor“).

Wenn du in die zweite Gleichung den Term $2\pi r$ für b_α einsetzt, erhältst du:

$$\frac{2\pi r}{2\pi s} = \frac{\alpha}{360°} \quad \Rightarrow \quad \alpha = \frac{r}{s}\,360° \quad \Rightarrow \quad \alpha = \frac{2\,\text{cm}}{4{,}47\,\text{cm}} \cdot 360° \approx 161{,}1°.$$

Mit den Angaben $s = 4{,}47\,\text{cm}$ und $\alpha = 161{,}1°$ kannst du nun auch den Mantel zeichnen.

1 **Zeichne das Netz:**

a) einer Pyramide mit der Grundseite $a = 3\,\text{cm}$ und der Höhe der Seitenfläche $h_D = 4\,\text{cm}$;
b) eines Zylinders mit dem Grundkreisradius $r = 3\,\text{cm}$ und der Höhe 5 cm;
c) eines Kegels mit der Mantellinie $s = 4\,\text{cm}$ und dem Grundkreisradius 3 cm.

2 **Ergänze die Tabelle.**

	a) Zylinder	b) Zylinder	c) Kegel	d) Kegel
r	8 cm		5 cm	2 cm
h	12 cm	6 cm	4 cm	
O				
M		90 cm²		17,6 cm²
s	–	–		

5.2 Volumen von Pyramide, Zylinder, Kegel und Kugel

Volumen von Prisma und Pyramide

Du kannst dir vorstellen, dass ein Prisma durch Teilen eines Quaders entstanden ist. Das Volumen eines Quaders berechnest du mit der Formel

Volumen = Länge · Breite · Höhe oder
Volumen = Grundfläche · Höhe.

Wenn die Grundfläche des Prismas z. B. halb so groß ist wie die des Quaders, dann ist entsprechend das Volumen des Prismas auch halb so groß. Diese Formel gilt allgemein für Prismen mit *beliebigen* Dreiecken als Grundfläche.

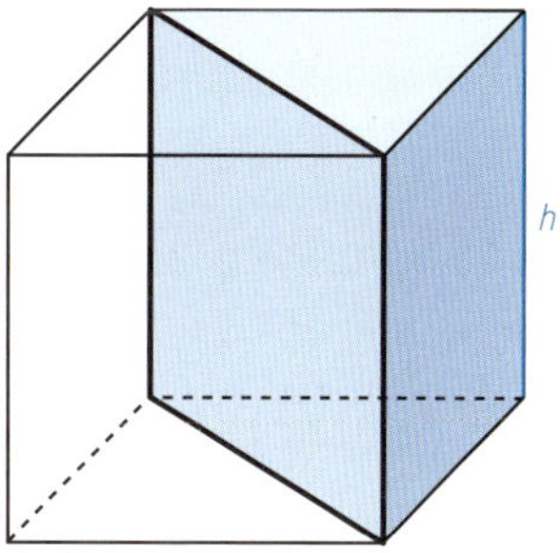

Das Volumen eines Prismas

Volumen eines Prismas: $V = G \cdot h$
(G = Grundfläche; h = Höhe)

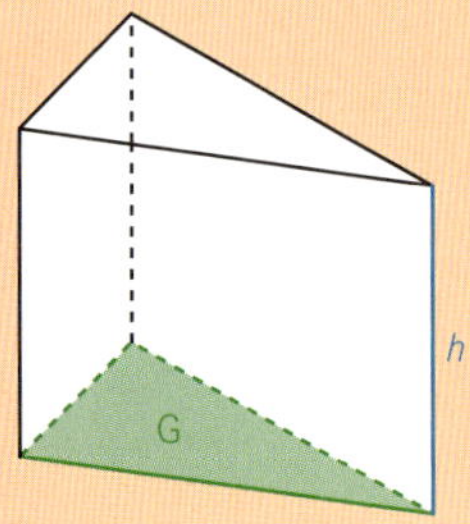

Die Formel für das Volumen einer Pyramide sieht der Formel für das Volumen eines Prismas ähnlich:

Das Volumen einer Pyramide

Volumen einer Pyramide: $V = \frac{1}{3} G \cdot h$
(G = Grundfläche; h = Höhe)

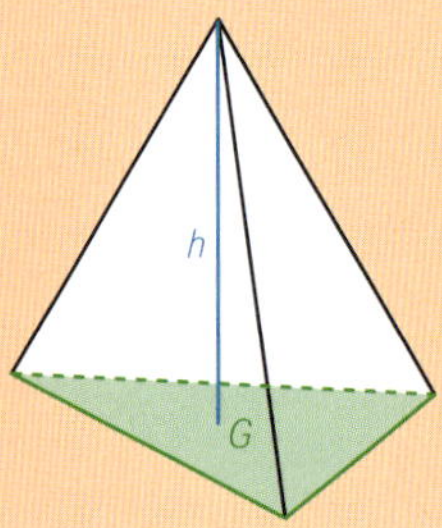

Eine *dreiseitige* Pyramide mit der Grundfläche G und der Höhe h hat also ein Drittel des Volumens eines Prismas mit der gleichen Grundfläche und Höhe.
Diese Aussage für *dreiseitige* Pyramiden, die hier nicht bewiesen werden soll, gilt entsprechend auch für *mehrseitige* Pyramiden, denn jede andere Pyramide kannst du dir aus dreiseitigen Pyramiden zusammengesetzt denken, die wegen der gemeinsamen Spitze auch eine gemeinsame Höhe h haben.

$$\begin{aligned} V &= V_1 + V_2 + V_3 + V_4 \\ &= \frac{1}{3} \cdot G_1 \cdot h + \frac{1}{3} \cdot G_2 \cdot h + \frac{1}{3} \cdot G_3 \cdot h + \frac{1}{3} \cdot G_4 \cdot h \\ &= \frac{1}{3} (G_1 + G_2 + G_3 + G_4) \cdot h \\ &= \frac{1}{3} \cdot G \cdot h \end{aligned}$$

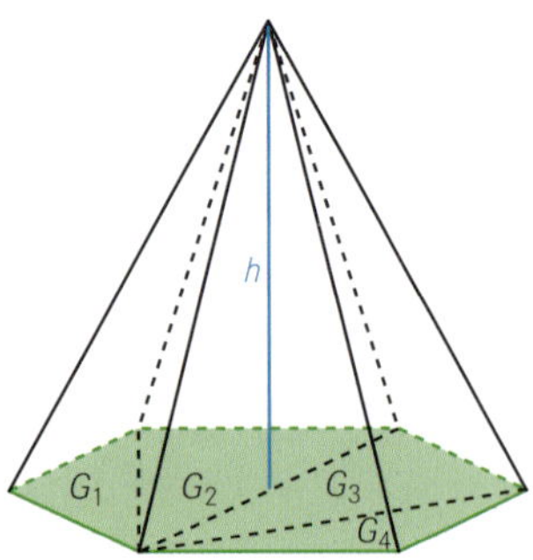

1 **Für eine „quadratische“ Pyramide gelten die Angaben in der Tabelle. Ergänze.**

	Höhe h	Kantenlänge a	Grundfläche G	Volumen V
a)	4 cm	3 cm		
b)	8,1 m		90,25 m^2	
c)			36 m^2	60 m^3

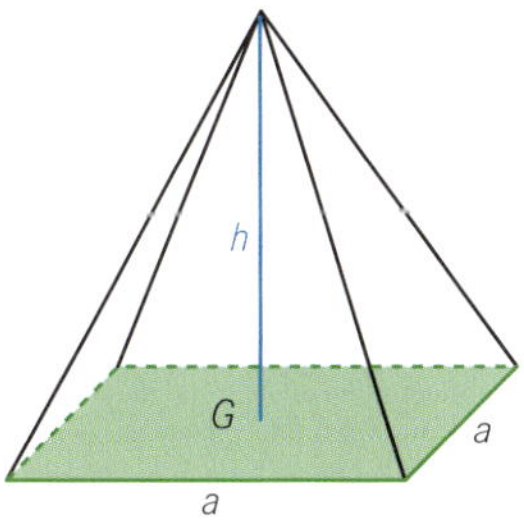

Volumen von Zylinder und Kegel

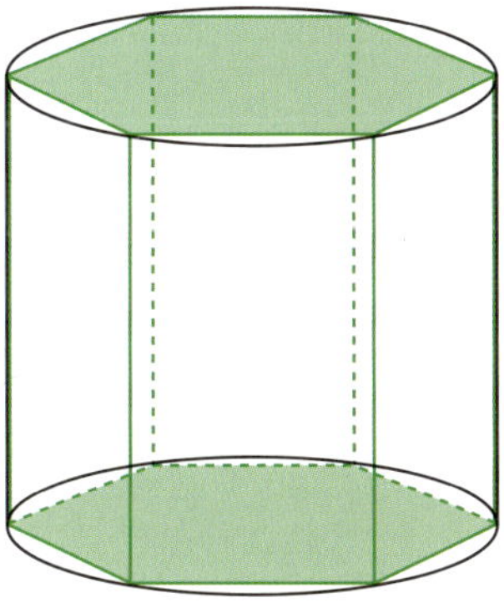

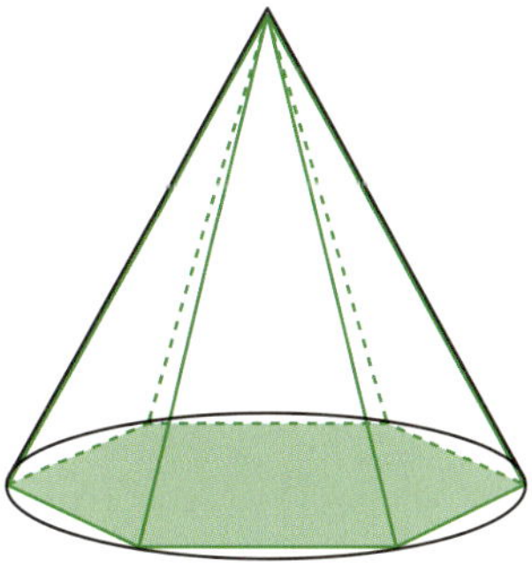

Der *Zylinder* ist in gewissem Sinne ein „Grenzfall“ in der Familie der geraden *Prismen,* ebenso wie der *Kegel* in gewissem Sinne ein Grenzfall in der Familie der *Pyramiden* ist.
Wenn du die Anzahl der Kanten erhöhst, kannst du den Unterschied zwischen einem Prisma und einem Zylinder bzw. zwischen einer Pyramide und einem Kegel immer kleiner werden lassen.
Deshalb gelten auch für Zylinder und für Kegel die folgenden Formeln für das Volumen:
$V = G \cdot h$ bzw. $V = \frac{1}{3} G \cdot h$.
Bei Zylinder und Kegel ist die Grundfläche ein Kreis mit Radius r und dem Flächeninhalt $G = \pi r^2$.

Das Volumen eines Zylinders

Volumen eines Zylinders: $V = \pi r^2 h$
(r = Radius der Grundfläche; h = Höhe)

Das Volumen eines Kegels

Volumen eines Kegels: $V = \frac{1}{3}\pi r^2 h$

(r = Radius der Grundfläche; h = Höhe)

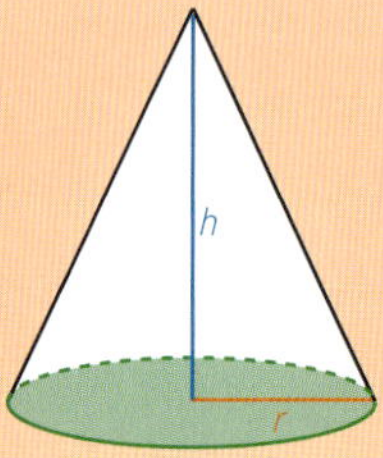

Volumen und Oberfläche der Kugel

Für die Kugel kannst du kein Netz zeichnen. Daher werden die Formeln für das Volumen und die Oberfläche einer Kugel hier ohne Beweis angegeben:

Volumen und Oberfläche der Kugel

Oberfläche der Kugel: $O = 4\pi r^2$

Volumen der Kugel: $V = \frac{4}{3}\pi r^3$

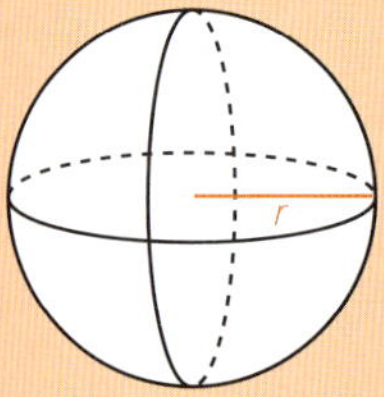

2 **Berechne die fehlenden Größen.**

a) Zylinder

Radius r	Grundfläche G	Höhe h	Mantel M	Oberfläche O	Volumen V
5 cm		9 cm			
4,5 cm					445,34 cm³
	145,3 cm²	6 cm			
	153,9 cm²				538,78 cm³

b) Kegel

Radius r	Höhe h	Mantellinie s	Grundfläche G	Mantel M	Oberfläche O	Volumen V
6 cm	4,5 cm					
	12 cm		226,98 cm²			
5,3 cm						241,21 cm³

c) Kugel

Radius r	Oberfläche O	Volumen V
5 cm		
	907,9 cm^2	
		195,4 cm^3

3 Die schiefe Pyramide

Berechne das Volumen der abgebildeten schiefen Pyramide.

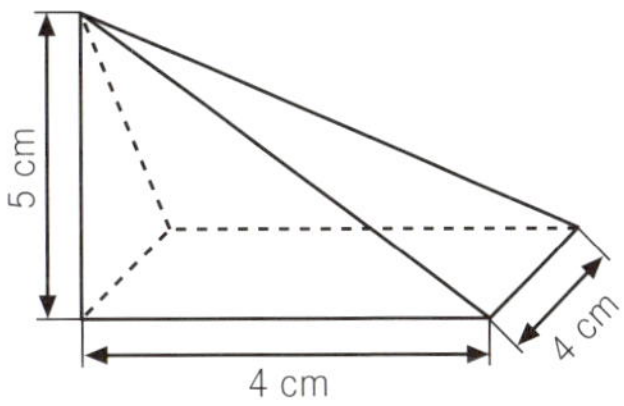

4 Die Kugeln im Würfel

In einen Würfel werden eine bzw. acht gleiche Kugeln von jeweils möglichst großem Radius gepackt. In welchem Fall ist das jeweils verbleibende Restvolumen im Würfel größer?

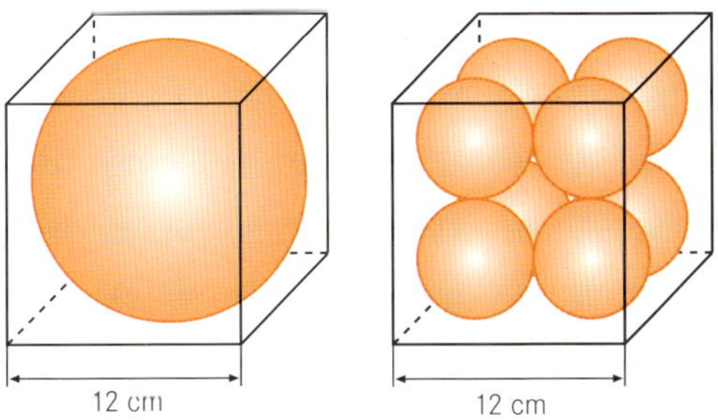

5 Die Frucht im Glas

Die Ausgangshöhe des Flüssigkeitsspiegels im Cocktailglas beträgt 5 cm, sein Radius 4 cm. Der Flüssigkeitsspiegel steigt um 0,2 cm, wenn man eine kugelförmige Frucht ins Glas bringt. Berechne den Durchmesser der Frucht.

5.3 Spezielle Arten von Aufgaben

„Wie verändert sich – wenn"-Aufgaben

Darum geht es

Wie verändert sich das Volumen eines Kegels, wenn man die Höhe halbiert und den Radius des Grundkreises verdoppelt?

Vorüberlegung: $H = \frac{h}{2}$ $\quad R = 2r$

$V_1 = \frac{\pi r^2 h}{3}$

$V_2 = \frac{\pi R^2 H}{3} = \frac{\pi (2r)^2 \left(\frac{h}{2}\right)}{3}$

$= \frac{\pi 4r^2 h}{6}$

$= \frac{2\pi r^2 h}{3}$

$V_2 = 2V_1$

Ergebnis: Das Volumen verdoppelt sich.

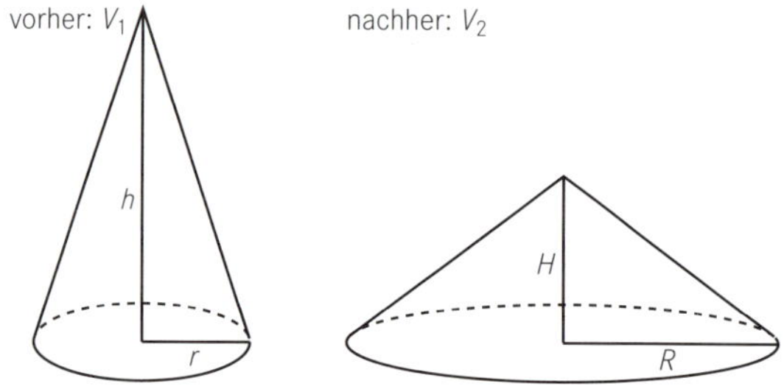

1 **Wie verändert sich ...**

a) das Volumen einer Kugel, wenn man den Radius verdoppelt?

b) die Oberfläche einer Kugel, wenn man den Radius verdoppelt?

c) das Volumen eines Zylinders, wenn man den Radius verdreifacht und die Höhe halbiert?

d) das Volumen eines Kegels, wenn man den Radius verdoppelt und die Höhe halbiert?

Der „Satz des Pythagoras" und die „Strahlensätze" in geometrischen Körpern

Erinnere dich

Du kennst den Satz des Pythagoras und die Strahlensätze.

Satz des Pythagoras

In einem rechtwinkligen Dreieck mit der Hypotenuse c und den Katheten a und b gilt:
$a^2 + b^2 = c^2$.

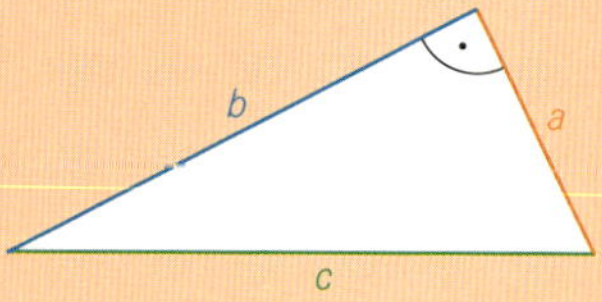

Strahlensätze

Sind die beiden Geraden f und g parallel, so gilt für die Strecken a, b, c, a', b' und c':

$a : b = a' : b'$ $\qquad$ $a : c = a' : c'$.

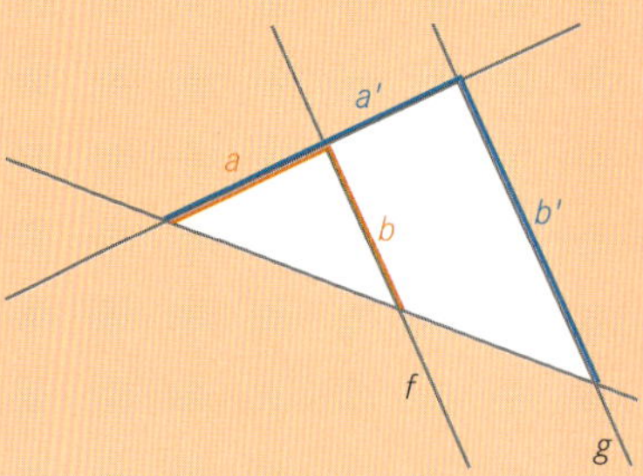

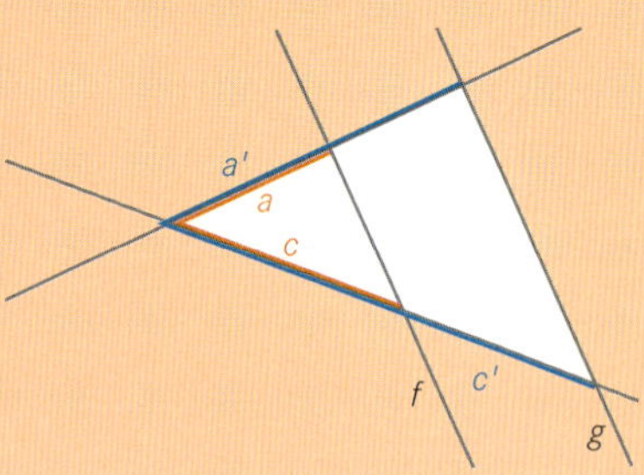

Darum geht es

Manchmal sind der Satz des Pythagoras oder die Strahlensätze in anderen geometrischen Figuren und Körpern „versteckt“. Du musst sie dann zuerst suchen und benennen, wenn du eine Aufgabe lösen willst.

Beispiel: In dieser Kegelfigur sind der Satz des Pythagoras und ein Strahlensatz „versteckt“:

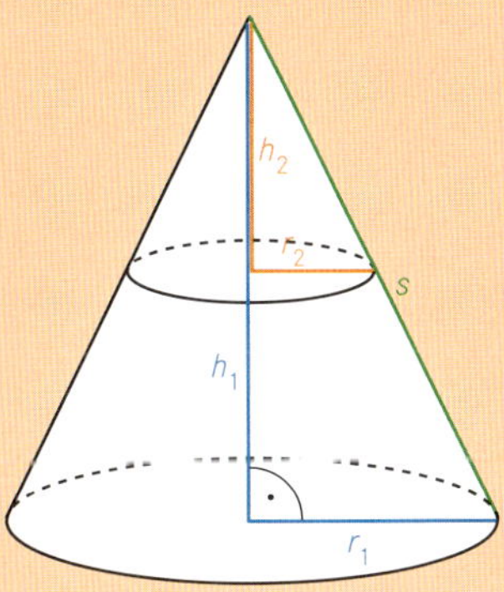

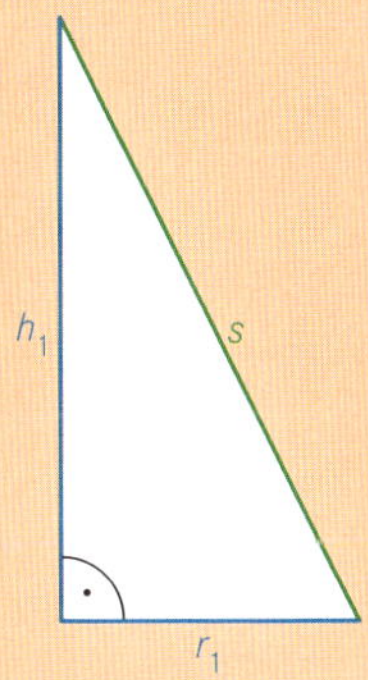

Satz des Pythagoras
$r_1^2 + h_1^2 = s^2$

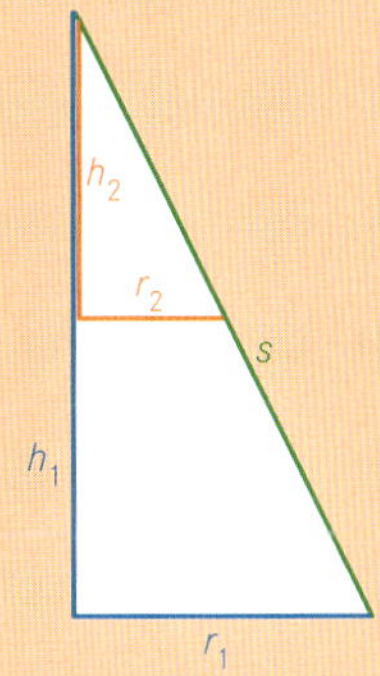

Strahlensatz
$h_1 : r_1 = h_2 : r_2$

Beispiel 1

Ein Kegel hat den Radius $r = 4\,\text{cm}$ und die Mantellinie $s = 5\,\text{cm}$.
Berechne sein Volumen.
Gegeben: $r = 4\,\text{cm}$, $s = 5\,\text{cm}$
Gesucht: V
Die Formel für das Kegelvolumen lautet: $V = \frac{1}{3}\pi r^2 h$.
Zunächst musst du hier die Höhe h berechnen.
Dazu benutzt du den Satz des Pythagoras, den du auf das „versteckte“ rechtwinklige Dreieck anwenden kannst:
$r^2 + h^2 = s^2$. Diese Gleichung kannst du nach h auflösen:
$h = \sqrt{s^2 - r^2}$, also $h = \sqrt{25 - 16}\,\text{cm} = \sqrt{9}\,\text{cm} = 3\,\text{cm}$.
Damit erhältst du $V = \frac{1}{3}\pi \cdot (4\,\text{cm})^2 \cdot 3\,\text{cm} \approx 50{,}27\,\text{cm}^3$.

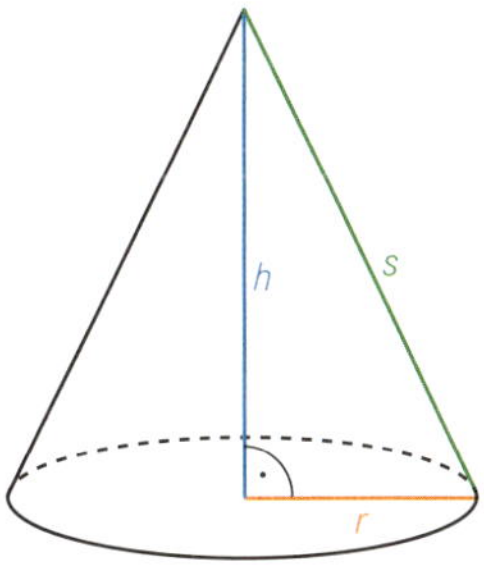

Beispiel 2

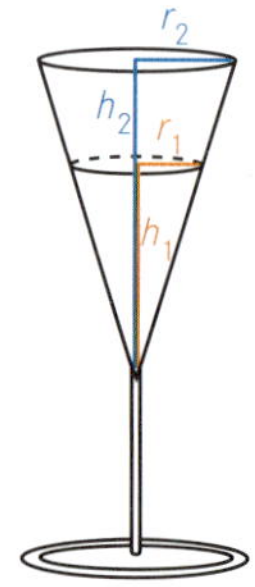

Ein kegelförmiges Sektglas wird bis zu einer Höhe von $h_1 = 3\,\text{cm}$ gefüllt. Der Radius der Oberfläche beträgt dabei $r_1 = 2\,\text{cm}$.
Wie verändert sich die Sektmenge im Glas, wenn der Sekt bis zur Höhe $h_2 = 6\,\text{cm}$ eingeschenkt wird?
Gegeben: $h_1 = 3\,\text{cm}$, $r_1 = 2\,\text{cm}$, $h_2 = 6\,\text{cm}$
Gesucht: V_2 = Volumen bei doppelter Einfüllhöhe
Die Formel für das Kegelvolumen lautet: $V = \frac{1}{3}\pi r^2 h$.
V_1 könntest du damit schon berechnen.
Für die Berechnung von V_2 fehlt dir noch der Radius r_2.
Diesen Radius kannst du mit dem **Strahlensatz** berechnen: $r_1 : h_1 = r_2 : h_2$.
Einsetzen: $2\,\text{cm} : 3\,\text{cm} = r_2 : 6\,\text{cm}$
Damit erhältst du $r_2 = (2\,\text{cm} : 3\,\text{cm}) \cdot 6\,\text{cm} = 4\,\text{cm}$.
Du kannst nun die Volumina V_1 und V_2 berechnen:

$V_1 = \frac{1}{3}\pi r_1^2\, h_1 = \frac{1}{3}\pi \cdot (2\,\text{cm})^2 \cdot 3\,\text{cm} \approx 12{,}57\,\text{cm}^3$

$V_2 = \frac{1}{3}\pi r_2^2\, h_2 = \frac{1}{3}\pi \cdot (4\,\text{cm})^2 \cdot 6\,\text{cm} \approx 100{,}53\,\text{cm}^3$.

Wenn man die *Einfüllhöhe verdoppelt,* wird das *Volumen* also *8-mal so groß!*

2 Beweise allgemein!

Versuche, den Nachweis allgemein zu führen, dass sich bei einem Kegel das Volumen um den Faktor 8 vergrößert, wenn sich die Höhe verdoppelt.
Anleitung: Setze in V_1 ein: $r_2 = 2r_1$; $h_2 = 2h_1$.

Beispiel 3

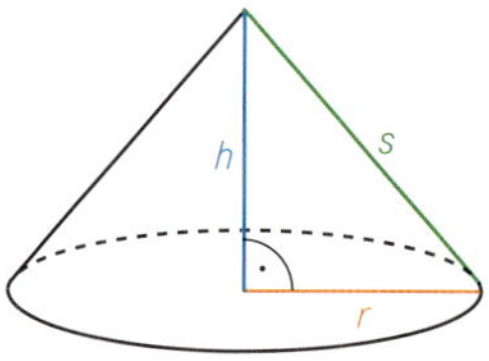

Schreibe das Volumen V des Kegels in Abhängigkeit von h und s.
Für den Kegel gilt: $V = \frac{1}{3}\pi r^2 h$.
In dieser Formel soll r durch einen geeigneten Term ersetzt werden, der h bzw. s enthält.
Nach dem **Satz des Pythagoras:**
$h^2 + r^2 = s^2 \quad \Rightarrow \quad r^2 = s^2 - h^2$.
Wenn du den zweiten Term in die Formel für das Volumen einsetzt, erhältst du $V = \frac{1}{3}\pi (s^2 - h^2)\,h$. Das ist eine Formel, in der nur noch die Variablen s und h stehen.

3 Schreibe die Formel für die Oberfläche eines Kegels in Abhängigkeit von *r* und *h*.

Test Kapitel 5

1 Berechne allgemein! |4|

Um welchen Faktor vergrößert/verkleinert sich das Volumen eines Kegels, wenn man den Grundkreisradius r verdreifacht und gleichzeitig die Höhe h halbiert?

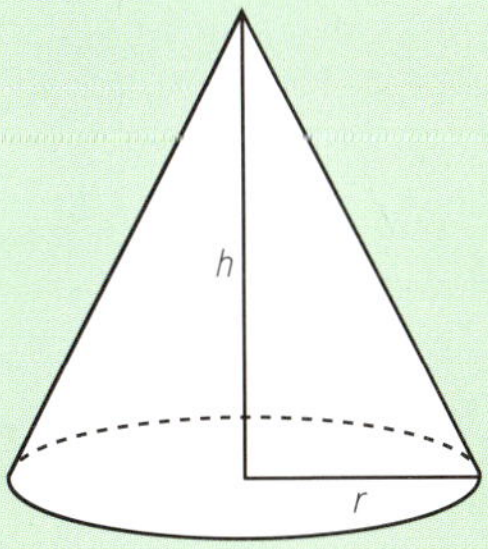

2 Eine Stahlkugel im Zylinder |5|

Eine Stahlkugel wird aus einem wassergefüllten Zylinder mit dem Durchmesser 15 cm herausgenommen; der Wasserspiegel sinkt dadurch um 2 cm. Wie groß ist der Durchmesser der Kugel?

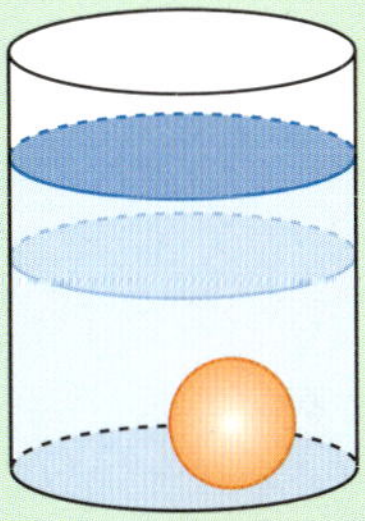

3 Der geschnitzte Kegel |8|

Aus einem würfelförmigen Stück Holz soll ein Kegel geschnitzt werden.

a) Ist die Abfallmenge mehr als doppelt so groß wie der Kegel?

b) Der Kegel soll komplett lackiert werden. Braucht man dafür weniger als die Hälfte der Farbe, die man für den ganzen Würfel bräuchte?

(Benutze ohne Beweis: $s = \frac{\sqrt{5}}{2}a$.)

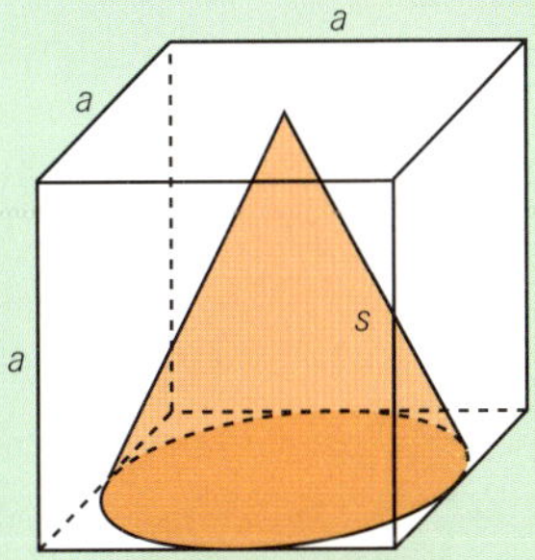

4 Bitte nur halb voll! |5|

Bis zu welcher Höhe h muss man das Sektglas füllen, damit der Sekt das Volumen des Glases zur Hälfte ausfüllt?

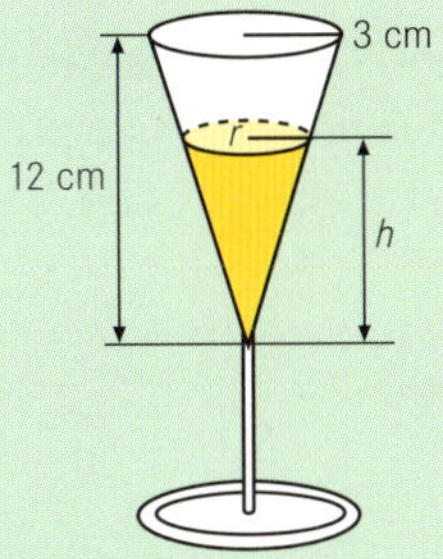

||22||

Wie viele Punkte hast du? Erreichst du mehr als 17 Punkte, beherrschst du den Inhalt des Kapitels wirklich gut. Erreichst du weniger als 9 Punkte, dann solltest du dieses Kapitel wiederholen.

6 TRIGONOMETRISCHE FUNKTIONEN

Was du schon können musst:

- ▷ den Satz des Pythagoras in rechtwinkligen Dreiecken erkennen und anwenden
- ▷ den Winkelsummensatz für Dreiecke kennen und anwenden
- ▷ die Kongruenzsätze kennen
- ▷ einfache (Bruch-)Gleichungen und Proportionen umstellen

Darum geht es

- ▶ mithilfe der trigonometrischen Funktionen sin, cos und tan Seiten und Winkel an rechtwinkligen und an allgemeinen Dreiecken berechnen
- ▶ mithilfe der trigonometrischen Funktionen sin, cos und tan Seiten und Winkel an (weiteren) geometrischen Figuren und Körpern berechnen
- ▶ Beziehungen zwischen Sinus- und Kosinus-Werten erkennen und begründen
- ▶ trigonometrische Funktionen bei einigen Fragestellungen aus der Physik anwenden

6.1 Trigonometrische Funktionen am rechtwinkligen Dreieck

Wie beschreibt man Steigung?

Steffen fährt gerne Skateboard. Er hat zusammen mit seinen Freunden mit einem 2 m langen Brett eine Rampe gebaut, auf der sie aus 1 m Höhe hinabrollen können. „Ganz schön steil", sagt Steffen.
Kim misst die Steigung mit einem großen Geodreieck: „Der Steigungswinkel beträgt etwa 26,6°." Julia meint: „Die Steigung beträgt 50 %." Christopher: „Stimmt, mein Taschenrechner sagt, dass der **Tangens** von 26,6° ungefähr 0,5 ist." Steffen sagt erstaunt: „Könnt ihr mir bitte erklären, was ihr damit meint?"

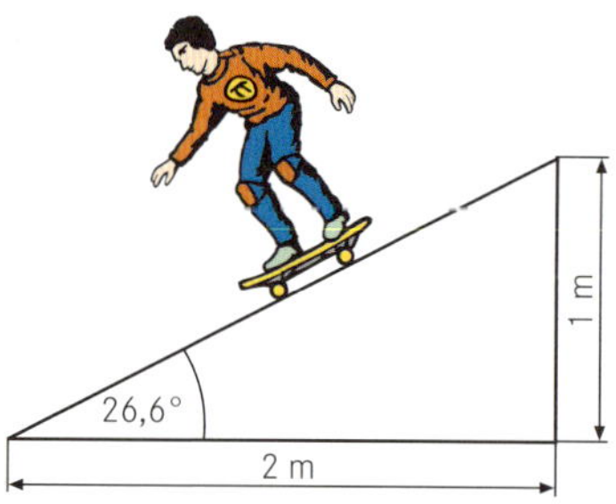

Also, Steffen, welche Möglichkeiten gibt es, die Steigung zu beschreiben?

Die Steigung

1. Die einfachste Methode, die Steigung zu beschreiben, ist die Angabe des sogenannten **Steigungswinkels;** das sind bei der Skater-Rampe etwa 26,6°.

2. Auf Verkehrsschildern findest du manchmal Steigungsangaben in Prozent. Hier bildet man zur Beschreibung der Steigung das

Verhältnis $\frac{\text{Höhenzuwachs}}{\text{zugehörige Länge in Horizontalrichtung}}$.

Das ergibt im Fall der Skater-Rampe 1 m : 2 m = 0,5 = 50 %.

3. Das Hilfsdreieck, das man zur Darstellung der Steigung benutzt, ist rechtwinklig.

Das Verhältnis $\frac{\text{Höhenzuwachs}}{\text{zugehörige Länge in Horizontalrichtung}}$

ist für alle Steigungsdreiecke mit gleichem Steigungswinkel α gleich groß, d. h. $b : a = b' : a'$.

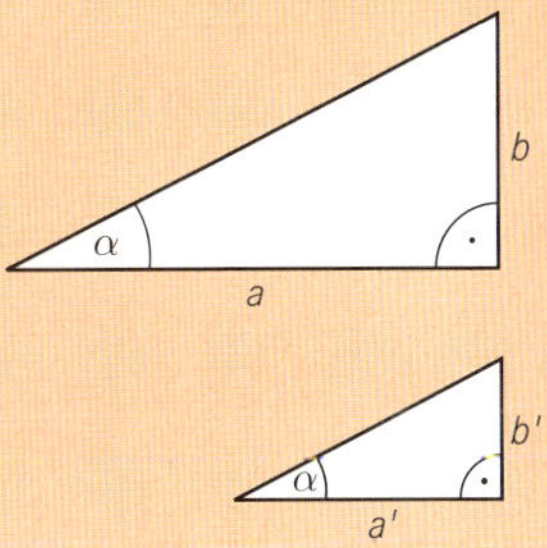

Dreiecke, deren Winkel paarweise gleich sind, heißen auch „ähnliche Dreiecke“.

Der Tangens

Das Verhältnis der beiden Seiten, die miteinander den rechten Winkel im Steigungsdreieck bilden, bekommt den Namen „Tangens von α“, kurz: tan α.
In unserem Skateboard-Beispiel mit der Skateboard-Anlage heißt das also: Der Tangens des Steigungswinkels 26,6° ist das Verhältnis 1 m : 2 m = 0,5,
kurz: tan 26,6° ≈ 0,5.
Allgemein kannst du schreiben: $\tan \alpha = \frac{b}{a}$.

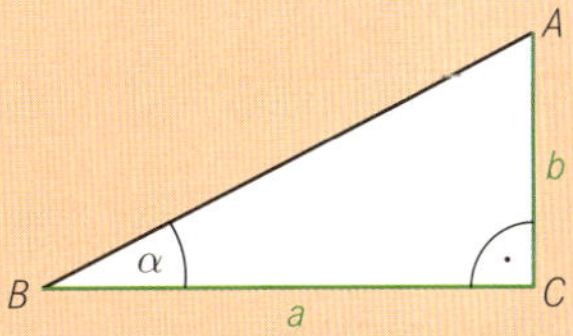

Den Wert für tan 26,6° und für andere Winkel kannst du auch aus deinem Taschenrechner abrufen. Du benötigst dafür die Funktionstaste „tan“; dazu später mehr (s. S. 80).

Info

Weil zu jedem Winkel ein bestimmter „Tangens“-Wert gehört, nennt man den Tangens auch eine „Winkelfunktion“.

1 Miss und berechne.

Zeichne die folgenden Dreiecke (1 cm ≙ 1 m), miss jeweils den (Steigungs-)Winkel α, bestimme die Steigung in Prozent und berechne den Tangens des Winkels α.

a)

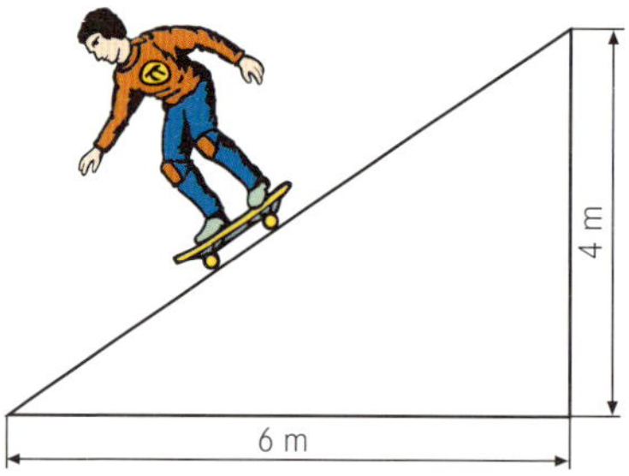

b)

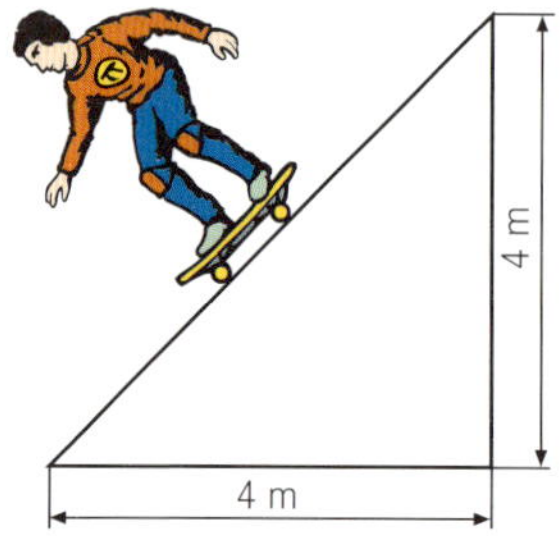

c)

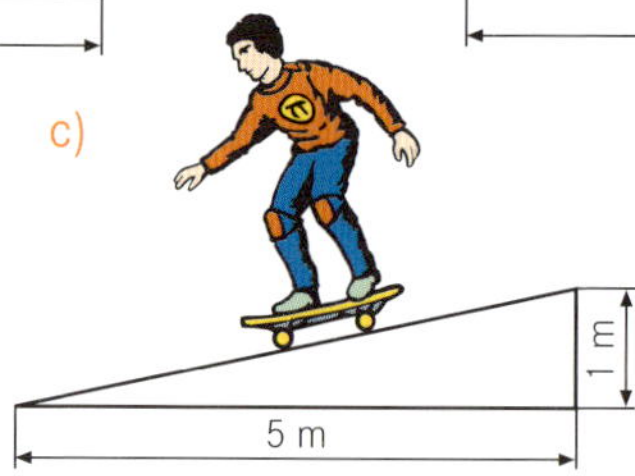

Definition von Sinus, Kosinus und Tangens am rechtwinkligen Dreieck

Im letzten Abschnitt hast du die Winkelfunktion „Tangens“ kennengelernt. Als „Tangens“ eines Winkels bezeichnet man das Verhältnis zweier bestimmter Seiten in einem rechtwinkligen Dreieck.

Darum geht es

Für manche Zwecke, insbesondere für die Berechnung von Dreiecken, ist es nützlich, noch andere Seitenverhältnisse in rechtwinkligen Dreiecken zu betrachten. Diese haben Namen, die du neben dem „Tangens“ (tan) sicher schon auf deinem Taschenrechner entdeckt hast: „Sinus“ (sin) und „Kosinus“ (cos).

Weil rechtwinklige Dreiecke unterschiedlich beschriftet sein können, benutzt du zur Festlegung von „Sinus“, „Kosinus“ und auch „Tangens“ besser die Begriffe „Hypotenuse“ und „Kathete“.

Erinnere dich

Die beiden *Katheten* sind die Seiten eines rechtwinkligen Dreiecks, die den rechten Winkel miteinander bilden; die *Hypotenuse* ist die Seite, die diesem rechten Winkel gegenüberliegt. Die Kathete, die dem Winkel α gegenüberliegt, heißt „Gegenkathete zu α“.

Sinus, Kosinus und Tangens

Mit diesen Bezeichnungen gelten die Festlegungen:

$\sin \alpha = \frac{\text{Gegenkathete}}{\text{Hypotenuse}} = \frac{GK}{HYP}$

$\cos \alpha = \frac{\text{Ankathete}}{\text{Hypotenuse}} = \frac{AK}{HYP}$

$\tan \alpha = \frac{\text{Gegenkathete}}{\text{Ankathete}} = \frac{GK}{AK}$

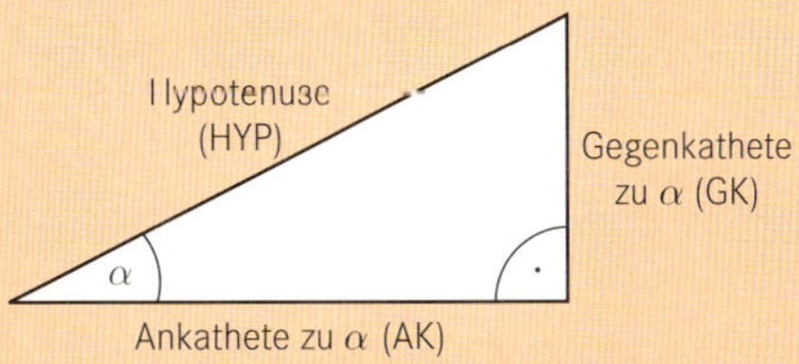

Beispiel: Gib für das abgebildete Dreieck die entsprechenden Seitenverhältnisse an.

a) sin α, cos α, tan α
b) sin γ, cos γ, tan γ

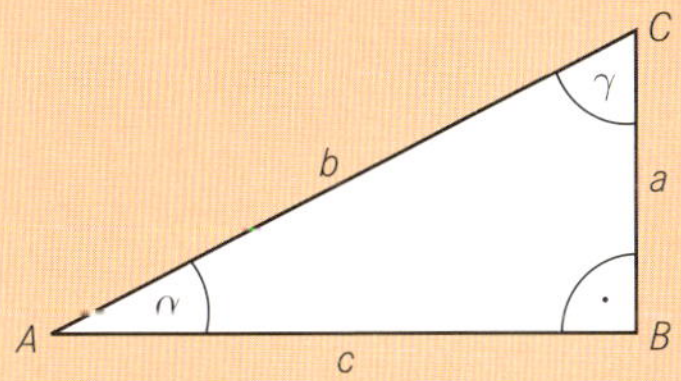

Lösung:

a) b ist die Hypotenuse, c ist Ankathete zu α und a ist Gegenkathete zu α.
$\sin \alpha = \frac{a}{b}$, $\cos \alpha = \frac{c}{b}$, $\tan \alpha = \frac{a}{c}$

b) b ist die Hypotenuse, a ist Ankathete zu γ und c ist Gegenkathete zu γ.
$\sin \gamma = \frac{c}{b}$, $\cos \gamma = \frac{a}{b}$, $\tan \gamma = \frac{c}{a}$

2 Sinus, Kosinus und Tangens

a) Benenne jeweils die Hypotenuse, die Ankathete und die Gegenkathete zu α, β bzw. zu γ.
b) Gib jeweils die entsprechenden Seitenverhältnisse mithilfe von a, b und c an.

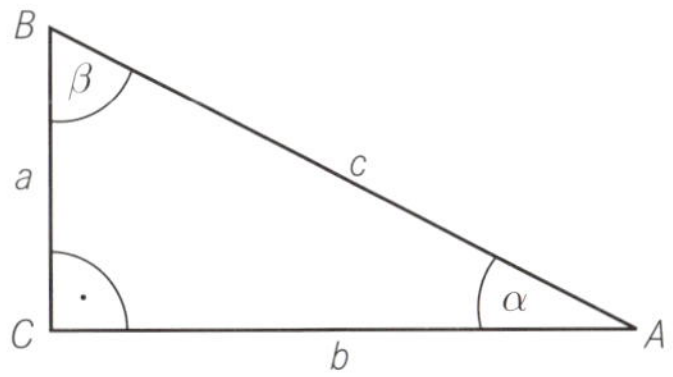

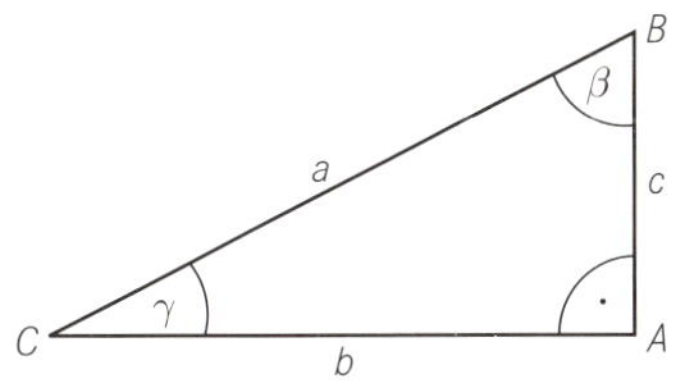

sin α =
cos α =
tan α =

sin β =
cos β =
tan β =

sin β =
cos β =
tan β =

sin γ =
cos γ =
tan γ =

sin, cos und tan im Taschenrechner

Die Werte für sin α, cos α und tan α kannst du aus einem rechtwinkligen Dreieck mit dem Winkel α ermitteln, indem du die Seitenlängen des Dreiecks misst und die entsprechenden Seitenverhältnisse ausrechnest.

Einfacher ist es, die Zahlenwerte für sin, cos und tan aus dem technisch-wissenschaftlichen Taschenrechner abzurufen, indem du den Winkel eingibst und die entsprechende Taste drückst. Dann gibt dir der Rechner wesentlich genauere Werte, als du sie aus einer Zeichnung bestimmen kannst.

„sin", „cos" und „tan" heißen auch „Winkelfunktionen" oder „trigonometrische Funktionen".

Info

Du musst dabei darauf achten, dass dein Taschenrechner in den richtigen „Winkelmodus" geschaltet ist, nämlich auf „DEG". Lies dazu eventuell in der Gebrauchsanweisung nach.

3 Berechne und prüfe mit dem Taschenrechner.

a) Zeichne ein rechtwinkliges Dreieck mit $\alpha = 30°$, $\beta = 90°$, $\gamma = 60°$.
Miss die Seitenlängen *a*, *b* und *c* und berechne daraus sin 30°, cos 30° und tan 30°.
Berechne ebenso sin 60°, cos 60° und tan 60°.

b) Prüfe mit deinem Taschenrechner nach:
sin 30° = 0,5; cos 30° = 0,866 02...; tan 30° = 0,5773...;
sin 60° = 0,8660...; cos 60° = 0,5; tan 60° = 1,7320...

Was weißt du über rechtwinklige Dreiecke?

Darum geht es

Im folgenden Abschnitt soll es darum gehen, Seiten und Winkel an rechtwinkligen Dreiecken zu berechnen. Dazu ist es nützlich, wenn du dir zuerst einmal aufschreibst, was du - auch aus früheren Klassen - über das folgende rechtwinklige Dreieck weißt.

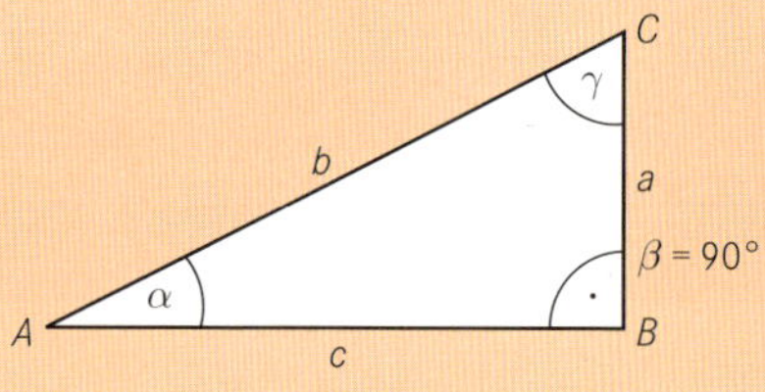

1. **Winkelsumme im Dreieck:** $\alpha + \beta + \gamma = 180°$
2. **Satz des Pythagoras:** $a^2 + c^2 = b^2$ (Vorsicht In diesem Dreieck ist die Seite *b* die Hypotenuse, also heißt der Satz des Pythagoras hier nicht $a^2 + b^2 = c^2$.)
3. **Winkelfunktionen:**
$\sin\alpha = \frac{a}{b}$ $\cos\alpha = \frac{c}{b}$ $\tan\alpha = \frac{a}{c}$ $\sin\gamma = \frac{c}{b}$ $\cos\gamma = \frac{a}{b}$ $\tan\gamma = \frac{c}{a}$

4 **Pythagoras und die Winkelfunktionen**

Schreibe den Satz des Pythagoras und die Aussagen über sin, cos und tan für das nebenstehende Dreieck auf.

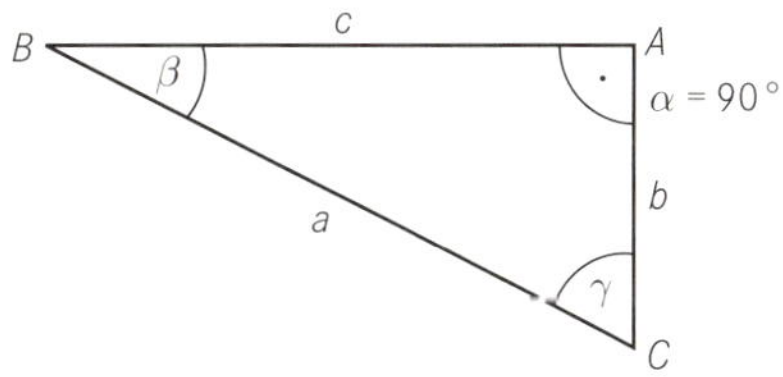

Umkehrfunktionen der trigonometrischen Funktionen

Darum geht es

sin □ = 0,6

Bei manchen Aufgabenstellungen ist es nötig, zu einem vorgegebenen Sinus-, Kosinus- oder Tangenswert den zugehörigen Winkel mit dem Taschenrechner zu bestimmen. Du musst also hier in gewissem Sinne die Rechnung „umkehren“. Die entsprechenden Tasten auf deinem Taschenrechner sind oft mit „$\sin^{-1}$“, „$\cos^{-1}$“ und „$\tan^{-1}$“ beschriftet. Näheres erfährst du aber aus der Bedienungsanleitung.

Beispiel: 30° $\xrightarrow{\text{sin}}$ 0,5 $\xrightarrow{\sin^{-1}}$ 30°

Probiere folgende Rechnungen mit deinem Taschenrechner aus:

65° $\xrightarrow{\text{sin}}$ 0,906 307 787… $\xrightarrow{\sin^{-1}}$ 65°

40° $\xrightarrow{\text{cos}}$ 0,766 044 443… $\xrightarrow{\cos^{-1}}$ 40°

70° $\xrightarrow{\text{tan}}$ 2,747 477 419… $\xrightarrow{\tan^{-1}}$ 70°

Info

Die Funktion „$\sin^{-1}$“ nennen Mathematiker „Arcus-Sinus“-Funktion.
Du schreibst dann z. B.: arcsin 0,906 307 ≈ 65°.

5 **Bestimme.**

a) arcsin 0,5

b) arccos 0,1

c) arctan 3

Berechnung von Seiten und Winkeln in rechtwinkligen Dreiecken

Beispiel 1

Gegeben: $\beta = 90°$; $\alpha = 36°$; $c = 7\,\text{cm}$

Gesucht: $\boldsymbol{\gamma}$, $\boldsymbol{b}$, $\boldsymbol{a}$

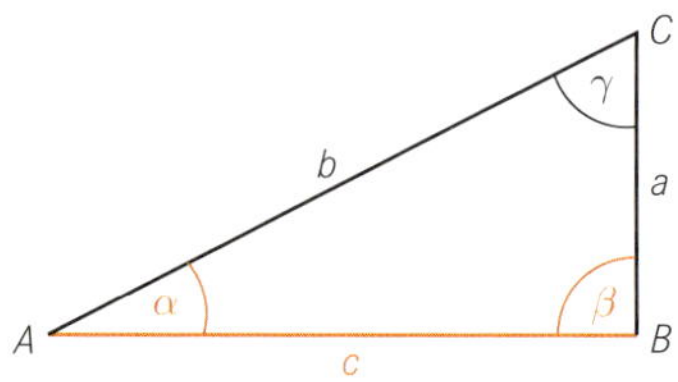

Da du schon zwei Winkel kennst, kannst du zuerst den dritten Winkel γ berechnen.

$\boldsymbol{\gamma}$: Winkelsummensatz
$$\alpha + \beta + \gamma = 180°$$
$$36° + 90° + \gamma = 180°$$
$$126° + \gamma = 180°$$
$$\gamma = 54°$$

Jetzt berechnest du die Seiten a und b:

b:
$$\cos\alpha = \frac{c}{b} \quad | \cdot b$$
$$b \cdot \cos\alpha = c \quad | : \cos\alpha$$
$$b = \frac{c}{\cos\alpha}$$
$$b = \frac{7\,\text{cm}}{\cos 36°}$$
$$b = 8{,}65...\,\text{cm}$$

a:
$$\sin\alpha = \frac{a}{b}$$
$$b \cdot \sin\alpha = a$$
$$8{,}65\,\text{cm} \cdot \sin 36° = a$$
$$5{,}08...\,\text{cm} = a$$

So geht es auch:

Du könntest die Seite a auch mit folgenden Ansätzen berechnen:

1. Möglichkeit: $a^2 + c^2 = b^2$ (Satz des Pythagoras)
$$a = \sqrt{b^2 - c^2}$$

2. Möglichkeit: $\cos\gamma = \frac{a}{b}$
$$a = b \cdot \cos\gamma$$

Führe diese beiden Ansätze zu Ende und zeige, dass du damit auf das gleiche Ergebnis für a kommst.

Beispiel 2

Gegeben:

$a = 13\,\text{cm}$; $b = 5\,\text{cm}$; $\alpha = 90°$

Gesucht: $\boldsymbol{c}$, $\boldsymbol{\beta}$, $\boldsymbol{\gamma}$

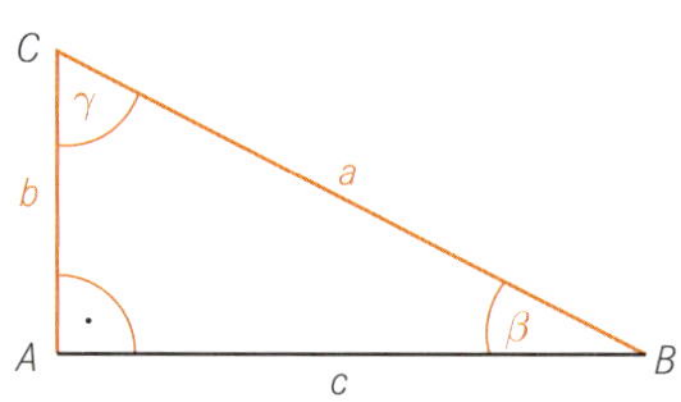

Die Seite c erhältst du mit dem Satz des Pythagoras:

$b^2 + c^2 = a^2 \quad \Rightarrow \quad c = \sqrt{a^2 - b^2}$

$c = \sqrt{13^2 - 5^2} = 12.$

Wenn du nun z. B. β berechnen willst, gibt es mehrere Möglichkeiten für einen Lösungsansatz:
$\sin\beta = \frac{b}{a}$, $\cos\beta = \frac{c}{a}$ oder $\tan\beta = \frac{b}{c}$.
Mit der ersten Möglichkeit erhältst du:
$\sin\beta = \frac{5\,\text{cm}}{13\,\text{cm}} = 0{,}3846\ldots \quad \Rightarrow \quad \beta = 22{,}6°$.

6 **Du hast die Wahl!**
Wähle dir aus jedem Block **eine** Aufgabe aus; berechne jeweils die fehlenden Größen. Wenn du glaubst, noch mehr üben zu müssen, kannst du dir noch weitere Aufgaben aussuchen.

a)

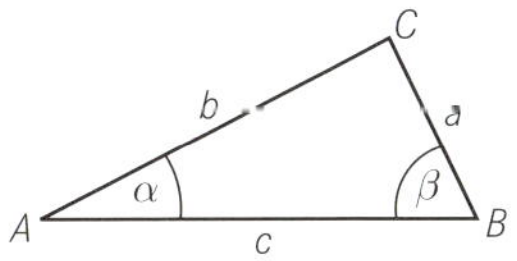

a	b	c	α	β
		7 cm	35°	55°
	4,2 cm		64°	
6,1 cm				18°

b)

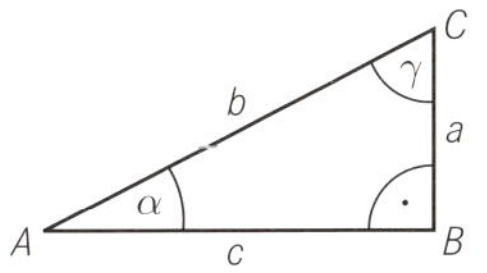

a	b	c	α	γ
	8,1 cm		39°	
5,2 cm				49°
		3,1 cm	52°	

c)

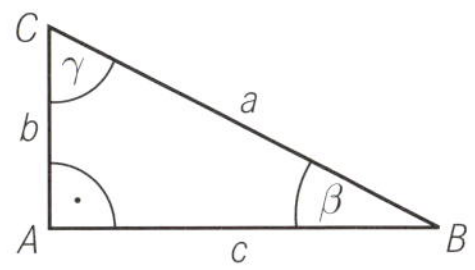

a	b	c	β	γ
9,2 cm				63°
	4,8 cm		74°	
		7,9 cm		41°

Auf „Dreieck-Safari“

Darum geht es

Manchmal „verstecken“ sich rechtwinklige Dreiecke in geometrischen Figuren. Wenn du in diesen Figuren und Körpern Längen oder Winkel berechnen willst, musst du zuerst diese versteckten rechtwinkligen Dreiecke aufspüren.

In ebenen Figuren ist das meist nicht so schwierig. Schwieriger wird es bei räumlichen Körpern, bei denen Längen und Winkel perspektivisch verzerrt sind, sodass du rechte Winkel nicht gleich erkennen kannst. Mit ein paar Übungen kannst du deinen „Spürsinn" aber schärfen, und du erkennst rechtwinklige Dreiecke auch wenn sie sich vor deinen Blicken zunächst „verstecken".

Beispiele: In der Raute und im Quader findest du rechte Winkel.

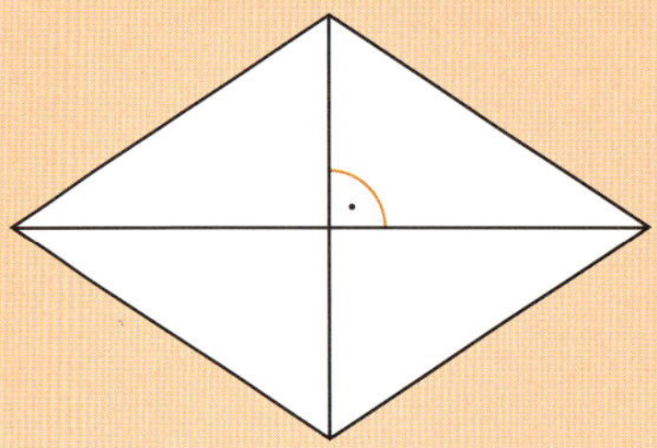

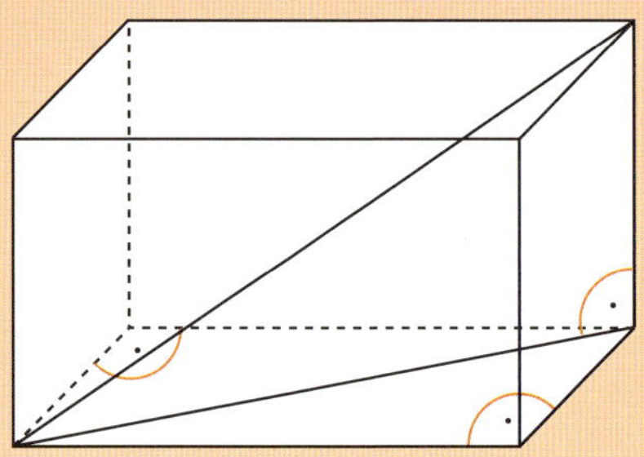

7 **Welche der markierten Winkel in der Pyramide sind rechte Winkel?**

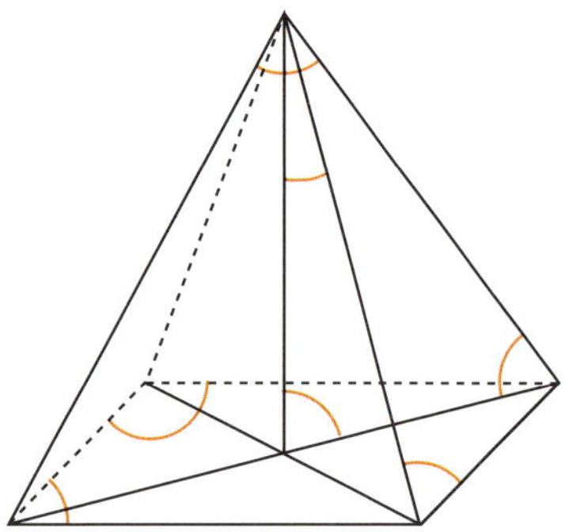

8 **Welche Gleichungen sind jeweils richtig? Kreuze an.**

a)

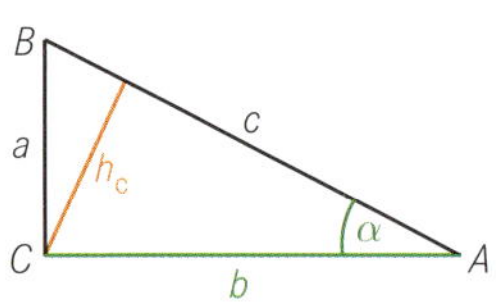

$h_c = \dots$

( ) $b \cdot \sin\alpha$

( ) $b \cdot \cos\alpha$

( ) $a \cdot \cos\alpha$

( ) $c \cdot \tan\alpha$

b)

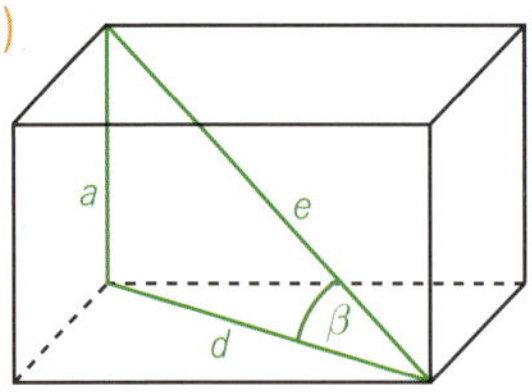

( ) $a = e \cdot \sin\beta$

( ) $d = e \cdot \cos\beta$

( ) $a = d \cdot \cos\beta$

( ) $a = d \cdot \tan\beta$

c)

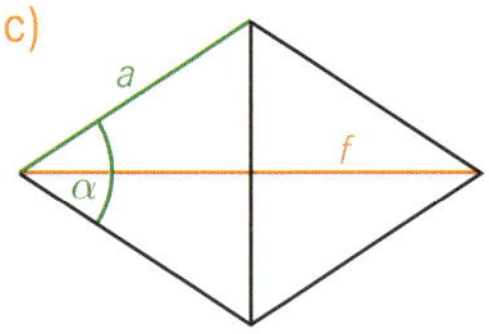

$f = \dots$

( ) $2a \cdot \sin\left(\frac{\alpha}{2}\right)$

( ) $2a \cdot \cos\left(\frac{\alpha}{2}\right)$

( ) $2a \cdot \tan\left(\frac{\alpha}{2}\right)$

( ) $a \cdot \sin\alpha$

d)

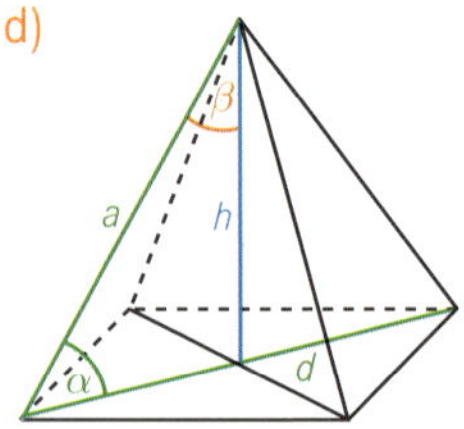

( ) $\sin\beta = \frac{d}{2a}$

( ) $d = 2h \cdot \tan\beta$

( ) $a = \frac{h}{\cos\alpha}$

( ) $\tan\alpha = \frac{h}{(2d)}$

Sinus und Kosinus am „Einheitskreis“

Darum geht es

Das „Hilfsdreieck“, mit dem wir auf Seite 77 die Steigung beschrieben haben, legen wir hier in einen Kreis mit dem Radius 1. Da der Radius 1 beträgt, heißt dieser besondere Kreis auch „Einheitskreis“.
Weil die Hypotenuse des „Hilfsdreiecks“ die Länge 1 hat, kannst du dir überlegen, dass $\sin\alpha = \frac{GK}{HYP} = \frac{GK}{1} = GK$ und $\cos\alpha = \frac{AK}{HYP} = \frac{AK}{1} = AK$ gilt.

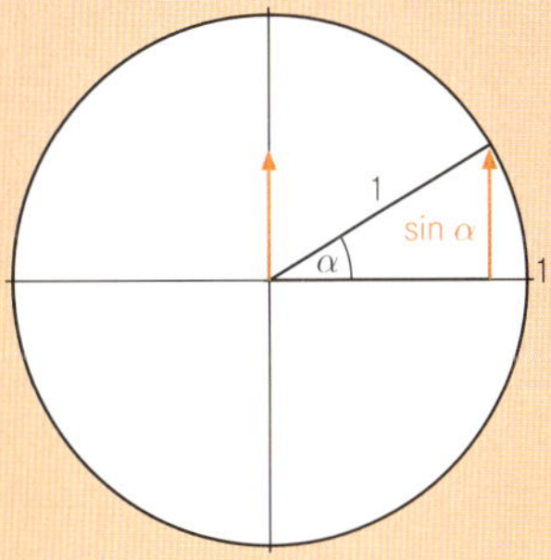

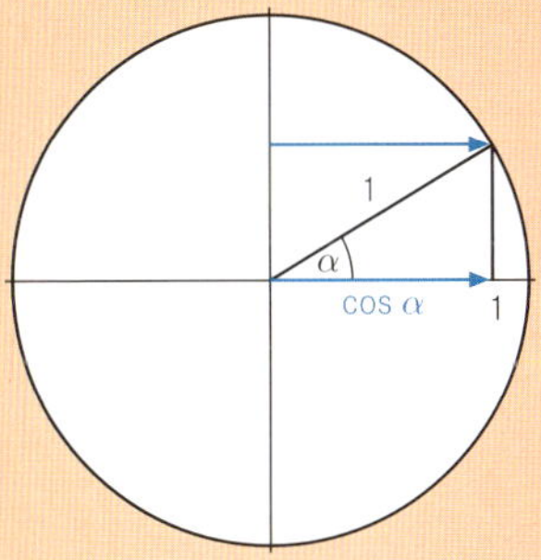

Das bedeutet, dass du an diesem Einheitskreis direkt den Wert von **sin** α ablesen kannst, indem du die Länge der Gegenkathete abmisst. Der Wert ist dann natürlich nicht so genau wie der Wert aus dem Taschenrechner.
Genauso kannst du an diesem Dreieck auch direkt den Wert von **cos** α ablesen.

Trigonometrischer Pythagoras

Wenn du **sin** α und **cos** α in ein gemeinsames Bild zeichnest, erhältst du ein rechtwinkliges Dreieck mit den Katheten **sin** α und **cos** α und der Hypotenuse 1.
Es gilt nach dem Satz des Pythagoras:
$(\sin\alpha)^2 + (\cos\alpha)^2 = 1$ oder anders geschrieben:
$\sin^2\alpha + \cos^2\alpha = 1$.
Diese Beziehung nennt man auch den „trigonometrischen Pythagoras“.

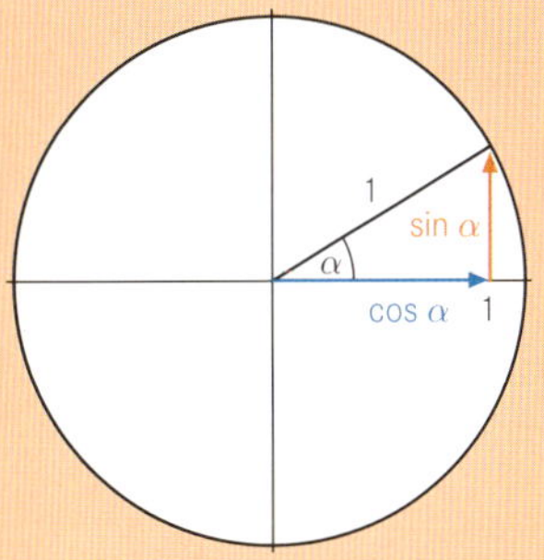

Beispiel: Für einen Winkel α gilt: $\sin\alpha = 0{,}7$. Berechne daraus $\cos\alpha$, ohne die trigonometrischen Funktionen des Taschenrechners zu benutzen.
Lösung: $\sin^2\alpha + \cos^2\alpha = 1 \Rightarrow \cos\alpha = \sqrt{1 - \sin^2\alpha} = \sqrt{1 - 0{,}7^2} = 0{,}714\,142\,8...$
(Probe: $\sin\alpha = 0{,}7 \Rightarrow \alpha = 44{,}427...°$ und $\cos 44{,}427...° = 0{,}714\,142\,8...$)

9 **Ergänze die Tabelle. Benutze dabei *nicht* die Tasten sin, $\sin^{-1}$, cos und $\cos^{-1}$.**

$\sin \alpha$	0,4		0,75
$\cos \alpha$		0,9	

Beziehungen zwischen Sinus- und Kosinuswerten

Vorübung: Bestimme mit dem Taschenrechner die folgenden Sinus- und Kosinuswerte:

sin 30° =   cos 60° =

sin 150° =   cos 120° =

sin 210° =   cos 240° =

sin 330° =   cos 300° =

Du siehst an diesen Beispielen, dass zu verschiedenen Winkeln gleiche Sinus- bzw. Kosinuswerte gehören, die sich allerdings manchmal auch durch das Vorzeichen + oder – unterscheiden.

Darum geht es

Solche Beziehungen zwischen Sinus- bzw. Kosinuswerten und Winkeln zu erkennen und auch allgemein zu formulieren, ist jetzt Thema. Wenn du am Einheitskreis Sinus- und Kosinuswerte abliest, musst du die Vorzeichen beachten.

Die Vorzeichen der Sinus- und Kosinuswerte

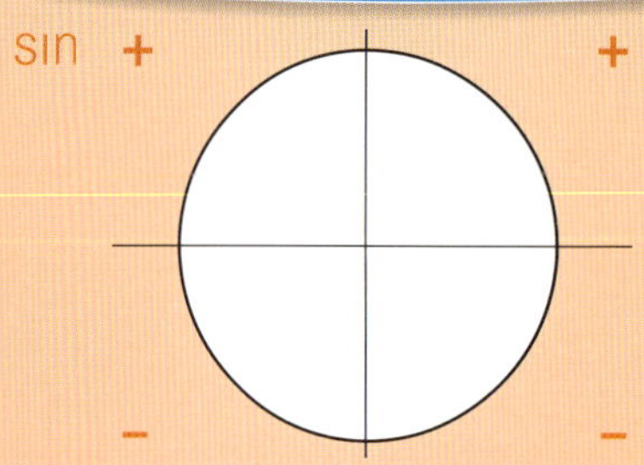

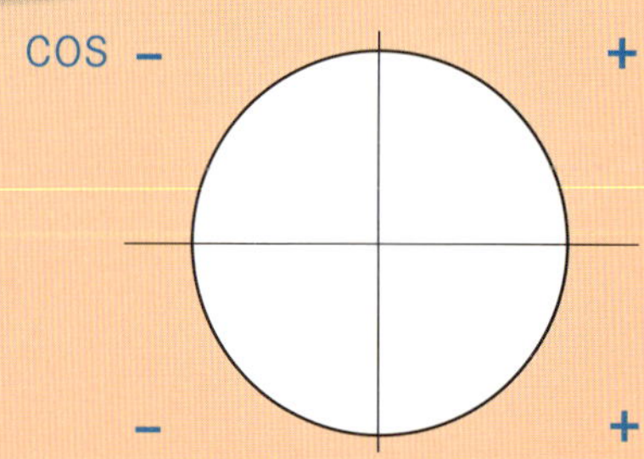

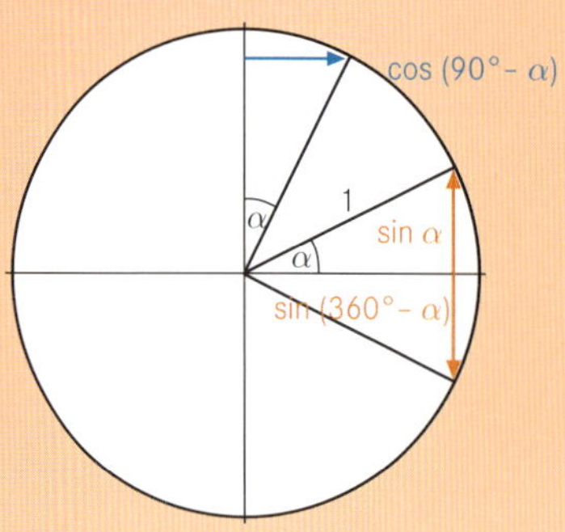

Mithilfe der folgenden Darstellung kannst du dir zwei Beziehungen zwischen Sinus- und Kosinuswerten klarmachen.

Beispiele:

1. $\sin \alpha = \cos(90° - \alpha)$
2. $\sin \alpha = -\sin(360° - \alpha)$

Zu 1.: Für $\alpha = 30°$ gilt: **sin 30°** = cos (90° – 30°) = **cos 60°,** d. h. sin 30° = cos 60°.

Zu 2.: Für $\alpha = 30°$ gilt: sin 30° = – sin 330°.

10 **Ordne die Gleichungen den Bildern zu.**
Welche Beziehungen zwischen Sinus- und Kosinuswerten sind hier dargestellt?

1a)

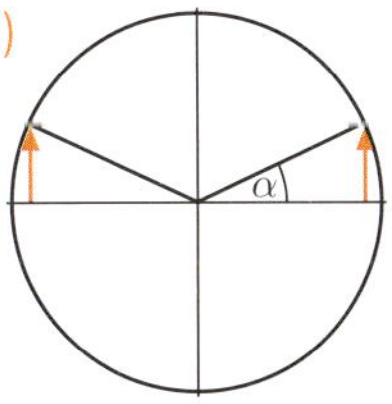

1b)

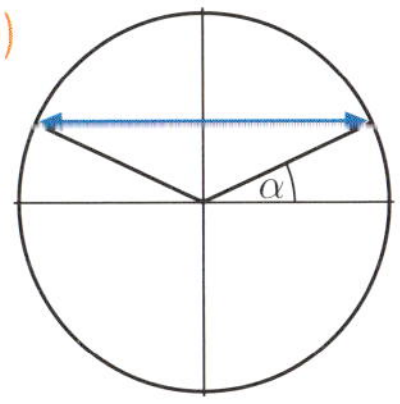

1c)

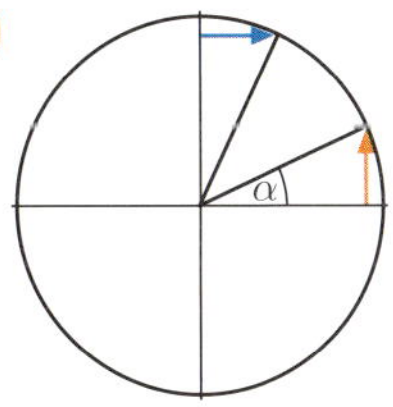

2a)

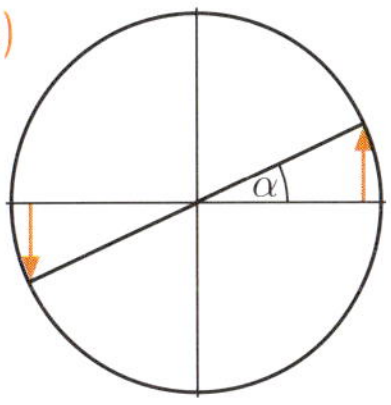

2b)

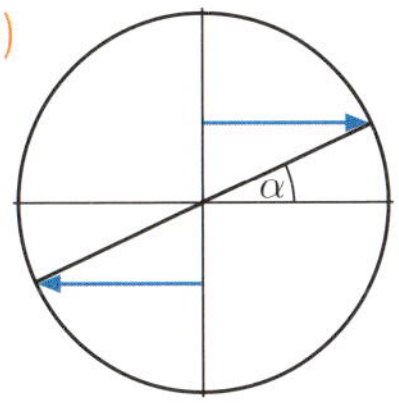

2c)

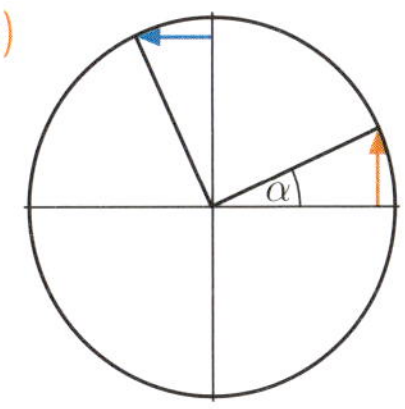

3a)

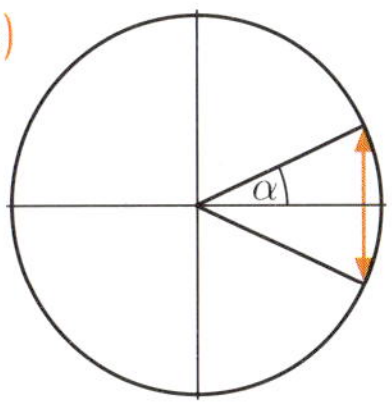

3b)

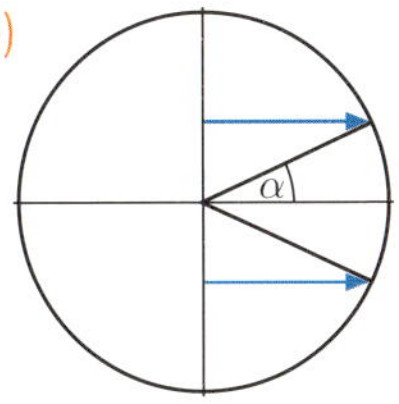

3c)

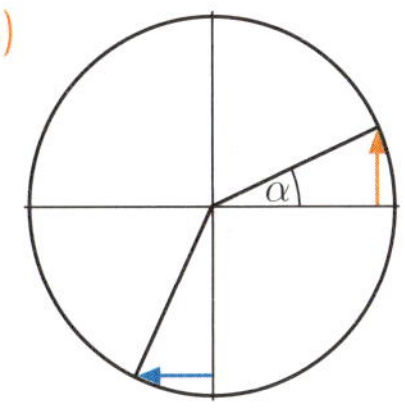

$\sin\alpha = -\sin(360° - \alpha)$
$\cos\alpha = -\cos(180° + \alpha)$
$\sin\alpha = -\cos(90° + \alpha)$

$\sin\alpha = \sin(180° - \alpha)$
$\cos\alpha = \cos(360° - \alpha)$
$\sin\alpha = -\cos(270° - \alpha)$

$\sin\alpha = -\sin(180° + \alpha)$
$\cos\alpha = -\cos(180° - \alpha)$
$\sin\alpha = \cos(90° - \alpha)$

6.2 Sinussatz und Kosinussatz

Einführung

Darum geht es

Berechnungen mit sin, cos und tan kannst du bis jetzt nur an rechtwinkligen Dreiecken durchführen.
Aber auch für nicht rechtwinklige Dreiecke gibt es Formeln, mit denen du Seiten und Winkel berechnen kannst; allerdings sind diese Formeln etwas komplizierter. Die Formeln sollen hier nicht bewiesen werden. Sie heißen „Sinussatz“ und „Kosinussatz“.

Am besten merkst du dir zu diesen beiden Sätzen die unten gezeichneten Bilder und Formeln, denn die Namen der Winkel und der Seiten können von einer Aufgabe zur anderen variieren:

Sinussatz

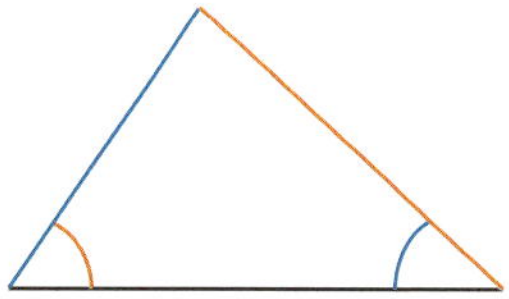

$$\frac{\sin \sphericalangle}{\text{Seite}} = \frac{\sin \sphericalangle}{\text{Seite}}$$

Kosinussatz

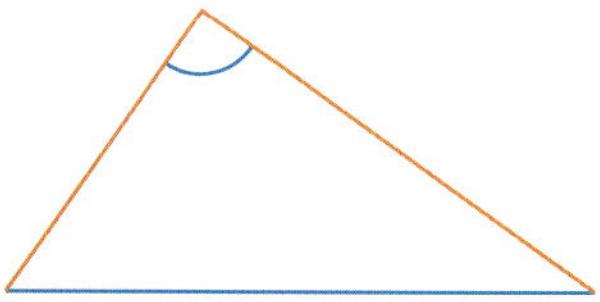

$$\text{Seite}^2 = \text{Seite}^2 + \text{Seite}^2 - 2\ \text{Seite} \cdot \text{Seite} \cdot \cos \sphericalangle$$

Sinus- und Kosinussatz

Sinussatz

$$\frac{\sin \alpha}{a} = \frac{\sin \beta}{b}$$

$$\frac{\sin \alpha}{a} = \frac{\sin \gamma}{c}$$

$$\frac{\sin \gamma}{c} = \frac{\sin \beta}{b}$$

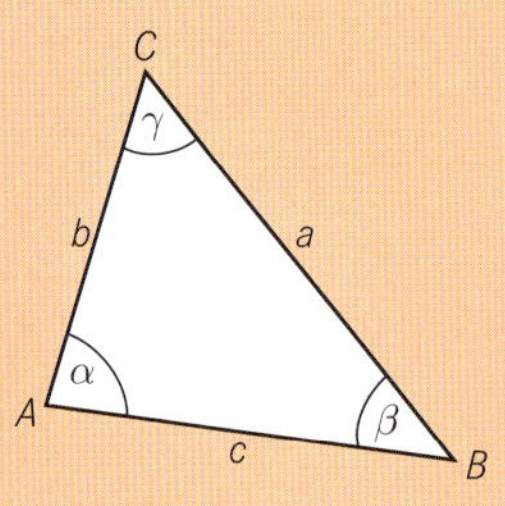

Kosinussatz

$$a^2 = b^2 + c^2 - 2bc \cdot \cos \alpha$$

$$b^2 = a^2 + c^2 - 2ac \cdot \cos \beta$$

$$c^2 = a^2 + b^2 - 2ab \cdot \cos \gamma$$

1 Schreibe für das Dreieck auf:

a) den Sinussatz

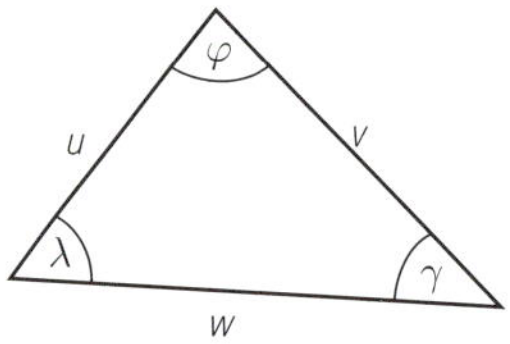

b) den Kosinussatz

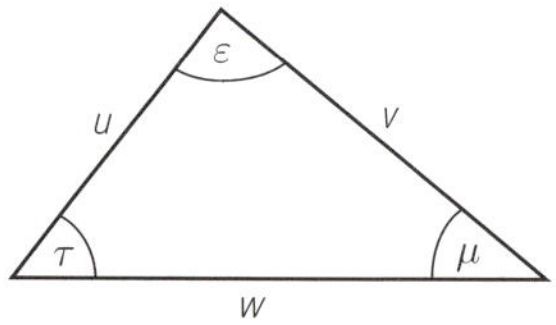

in allen möglichen Kombinationen. (Wenn es dir hilft, kannst du dazu das Dreieck abzeichnen und wie oben verschiedene Farben verwenden.)

Berechnung von Seiten und Winkeln in allgemeinen Dreiecken

Mit dem Sinussatz und dem Kosinussatz kannst du jetzt Berechnungen in allgemeinen Dreiecken durchführen; es ist nicht mehr notwendig, dass einer der Dreieckswinkel 90° beträgt.

Erinnere dich

Aus der Geometrie kennst du bereits die „Kongruenzsätze“: Die Kongruenzsätze stellen die vier möglichen Fälle dar, die in Aufgaben erscheinen können, bei denen du ein Dreieck aus drei gegebenen Stücken konstruieren sollst.

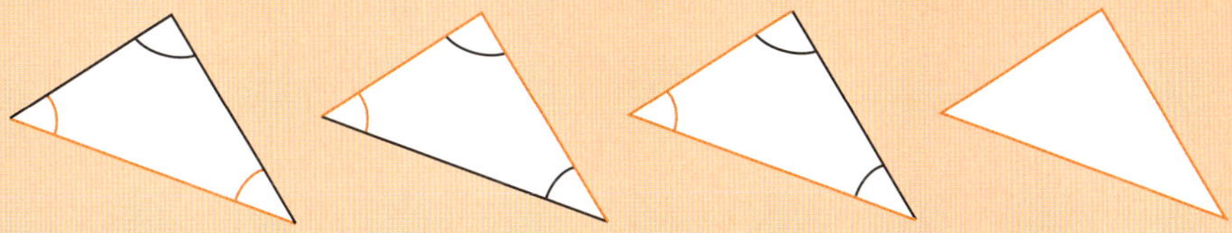

Winkel Seite Winkel (WSW) | Seite Seite Winkel (SSW) | Seite Winkel Seite (SWS) | Seite Seite Seite (SSS)

Darum geht es

Hier geht es aber nicht um Konstruktionen mit Zirkel und Geodreieck, sondern darum, die drei unbekannten Stücke eines Dreiecks aus den drei gegebenen zu berechnen.

Vier Beispiele sollen dir zeigen, wie du dabei vorgehen musst.

1. WSW

Dieser „Filmstreifen“ gibt dir den „Fahrplan“ zur Lösung der Aufgaben im Fall WSW.

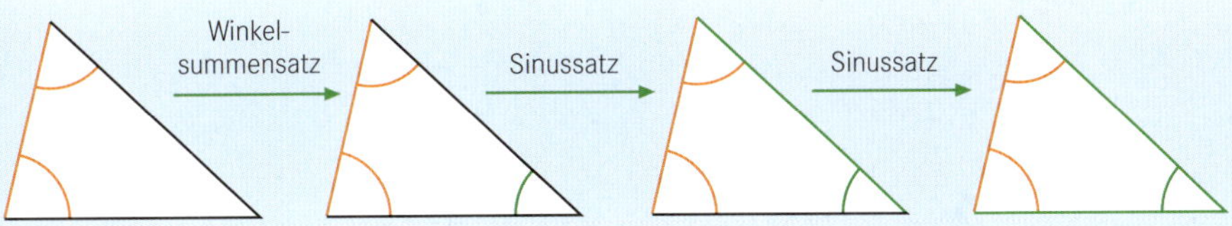

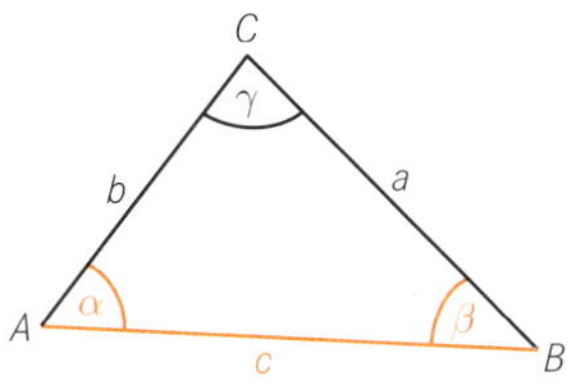

Gegeben: $c = 7\,\text{cm}$; $\alpha = 30°$; $\beta = 65°$

Gesucht: a, b, γ

(Falls in einer Aufgabenstellung keine Lageskizze vorhanden ist, solltest du dir auf jeden Fall selbst eine solche Skizze anfertigen. Sie hilft dir zu sehen, wie du den Sinus- oder den Kosinussatz zur Lösung der Aufgabe anwenden kannst.)

1. **Winkel γ** mit dem Winkelsummensatz berechnen:
   $\alpha + \beta + \gamma = 180° \quad \Rightarrow \quad \gamma = 180° - \alpha - \beta = 180° - 30° - 65° = 85°.$

2. **Seite b** mit dem Sinussatz bestimmen:
   $\frac{\sin \beta}{b} = \frac{\sin \gamma}{c} \quad \Rightarrow \quad \frac{b}{\sin \beta} = \frac{c}{\sin \gamma} \quad \Rightarrow \quad b = \frac{c}{\sin \gamma} \cdot \sin \beta.$
   Einsetzen liefert $b = \frac{7\,\text{cm}}{\sin 85°} \cdot \sin 65° \approx 6{,}4\,\text{cm}.$

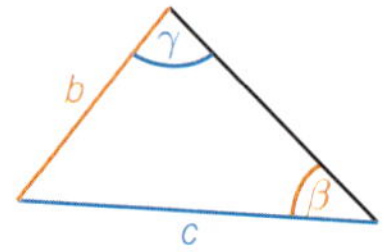

3. Die fehlende **Seite a** kannst du nun ebenfalls mit dem Sinussatz berechnen:
   Den Sinussatz solltest du auch gleich in der „passenden" Form aufschreiben:
   $\frac{a}{\sin \alpha} = \frac{c}{\sin \gamma} \quad \Rightarrow \quad a = \frac{c}{\sin \gamma} \cdot \sin \alpha.$
   Einsetzen: $a = \frac{7\,\text{cm}}{\sin 85°} \cdot \sin 30° \approx 3{,}5\,\text{cm}.$

(Rechne die hier angegeben Schritte mit deinem Taschenrechner nach!)

2 **Berechne die Größe der fehlenden Seiten und Winkel.**

a) $\alpha = 45°;\ \beta = 70°;\ c = 6\,\text{cm}$

b) $a = 10{,}9\,\text{cm};\ \beta = 30°;\ \gamma = 45°$

2. SWS

Dieser „Filmstreifen" gibt dir den „Fahrplan" zur Lösung der Aufgaben im Fall SWS.

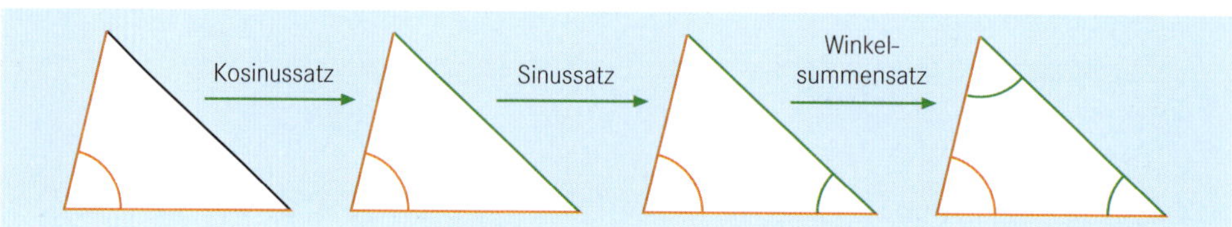

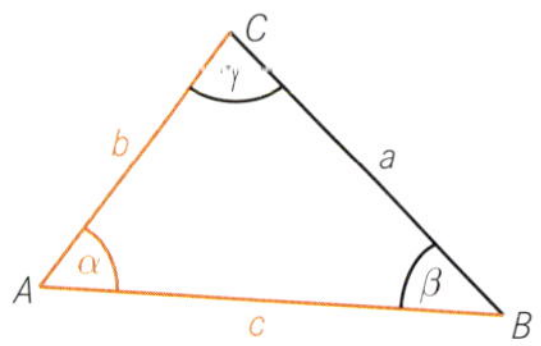

Gegeben: $b = 7\,\text{cm};\ c = 5\,\text{cm};\ \alpha = 40°$
Gesucht: $\boldsymbol{a, \beta, \gamma}$

1. Die **Seite a** mit dem Kosinussatz berechnen:
   $a^2 = b^2 + c^2 - 2bc \cdot \cos \alpha \quad \Rightarrow \quad a^2 = (7\,\text{cm})^2 + (5\,\text{cm})^2 - 2 \cdot 7\,\text{cm} \cdot 5\,\text{cm} \cdot \cos 40°$
   $\approx 20{,}38\,\text{cm}^2$
   $\Rightarrow \quad a \approx 4{,}51\,\text{cm}.$

2. **Winkel β** oder **γ** mit dem Sinussatz berechnen:
   $\frac{\sin \beta}{b} = \frac{\sin \alpha}{a} \quad \Rightarrow \quad \sin \beta = \frac{b \sin \alpha}{a} \quad \Rightarrow \quad \sin \beta = \frac{7\,\text{cm}}{4{,}51\,\text{cm}} \cdot \sin 40° \approx 0{,}9977 \quad \Rightarrow \quad \beta \approx 86{,}1°.$

3. Mit dem Winkelsummensatz erhältst du schließlich den anderen Winkel γ oder β:
   $\gamma = 180° - \alpha - \beta = 180° - 40° - 86{,}1° = 53{,}9°.$

3 **Berechne die Größe der fehlenden Seiten und Winkel.**

a) $b = 8{,}9\,\text{cm}$; $c = 8{,}3\,\text{cm}$; $\alpha = 52°$ b) $a = 6{,}6\,\text{cm}$; $b = 8{,}4\,\text{cm}$; $\gamma = 58°$

3. SSS

Dieser „Filmstreifen“ gibt dir den „Fahrplan“ zur Lösung der Aufgaben im Fall SSS.

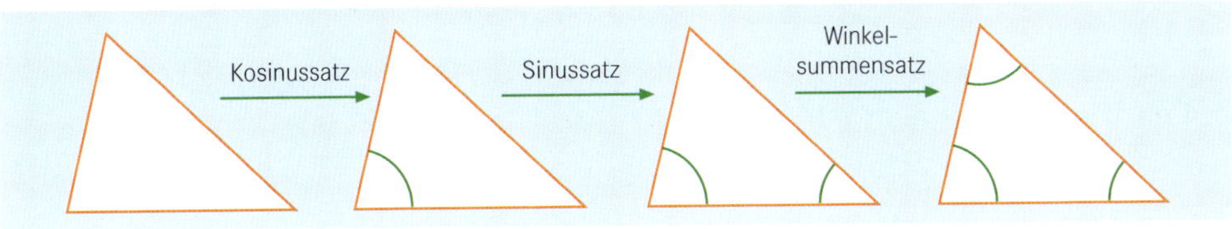

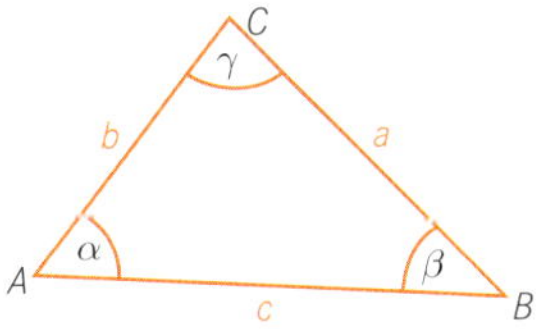

Gegeben: $a = 6\,\text{cm}$; $b = 4\,\text{cm}$; $c = 7\,\text{cm}$
Gesucht: $\boldsymbol{\alpha}$, $\boldsymbol{\beta}$, $\boldsymbol{\gamma}$

1. Einen der drei Winkel, z. B. **Winkel $\boldsymbol{\alpha}$,** mit dem Kosinussatz berechnen:
   $a^2 = b^2 + c^2 - 2bc \cdot \cos\alpha \Rightarrow$
   $$\cos\alpha = \frac{a^2 - b^2 - c^2}{-2bc}$$
   $$\cos\alpha = \frac{(6\,\text{cm})^2 - (4\,\text{cm})^2 - (7\,\text{cm})^2}{-2 \cdot 4\,\text{cm} \cdot 7\,\text{cm}} = 0{,}5178\ldots$$
   $\alpha \approx 58{,}8°$.
2. Einen der beiden anderen Winkel mit dem Sinussatz berechnen, z. B. **Winkel $\boldsymbol{\beta}$:**
   $$\frac{\sin\beta}{b} = \frac{\sin\alpha}{a} \Rightarrow \sin\beta = \frac{b\sin\alpha}{a} \Rightarrow \sin\beta = \frac{4\,\text{cm} \cdot \sin 58{,}8°}{6\,\text{cm}} = 0{,}5702\ldots \Rightarrow \beta \approx 34{,}8°.$$
3. **Winkel $\boldsymbol{\gamma}$** erhältst du mit dem Winkelsummensatz:
   $\gamma = 180° - \alpha - \beta = 180° - 58{,}8° - 34{,}8° = 86{,}4°$.

4 **Berechne die Größe der fehlenden Seiten und Winkel.**

a) $a = 4{,}7\,\text{cm}$; $b = 5{,}8\,\text{cm}$; $c = 6{,}1\,\text{cm}$ b) $a = 8{,}7\,\text{cm}$; $b = 5{,}3\,\text{cm}$; $c = 7{,}8\,\text{cm}$

4. SSW

Dieser „Filmstreifen“ gibt dir den „Fahrplan“ zur Lösung der Aufgaben im Fall SSW.

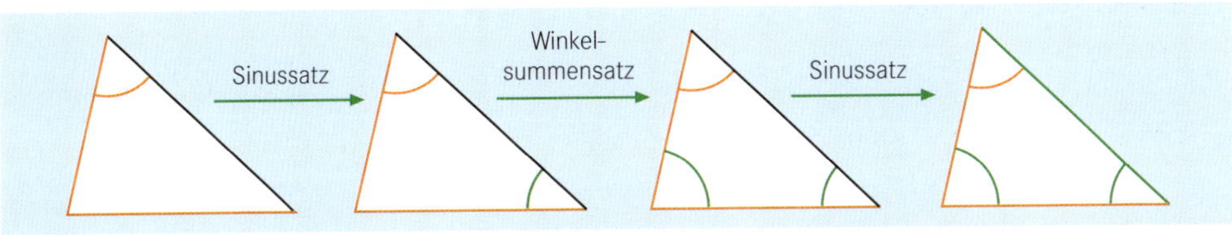

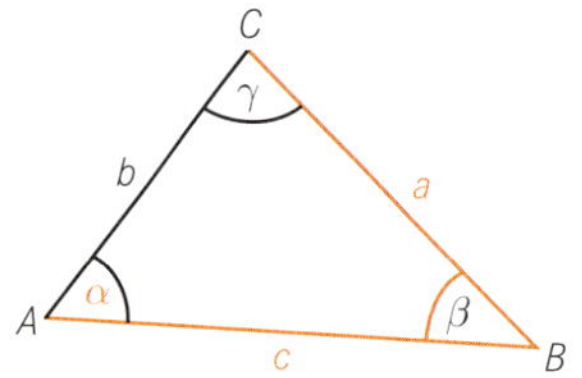

Gegeben: $a = 70°$; $c = 6\,\text{cm}$; $a = 8\,\text{cm}$
Gesucht: $\boldsymbol{\gamma}$, $\boldsymbol{\beta}$, $\boldsymbol{b}$
Anleitung:
Berechne zuerst γ mit dem Sinussatz, dann β mit dem Winkelsummensatz und zum Schluss b mit dem Sinussatz.
Lösungen zur Kontrolle:
$\gamma \approx 44{,}8°$; $\beta \approx 65{,}2°$; $b \approx 7{,}7\,\text{cm}$

5 **Berechne die Größe der fehlenden Seiten und Winkel.**

a) $a = 5{,}4\,\text{cm}$; $b = 3{,}6\,\text{cm}$; $\alpha = 95°$

b) $b = 9{,}9\,\text{cm}$; $c = 7{,}6\,\text{cm}$; $\beta = 79°$

Weitere Aufgaben mit Sinus- und Kosinussatz

Berechnungen in geometrischen Körpern

Die folgenden Aufgaben sind etwas knifflig. Arbeite zunächst die Lösung der folgenden Beispielaufgabe sorgfältig durch.

Beispiel: Berechne den Winkel zwischen den Raumdiagonalen im Würfel.

Es ist geschickt, zunächst das markierte Dreieck aus der Figur „herauszupräparieren“.

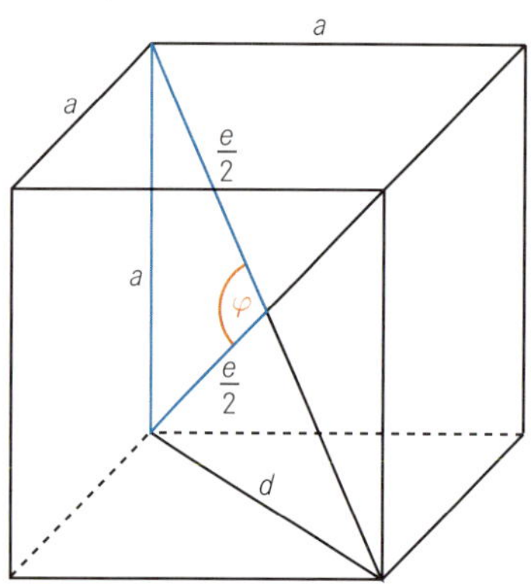

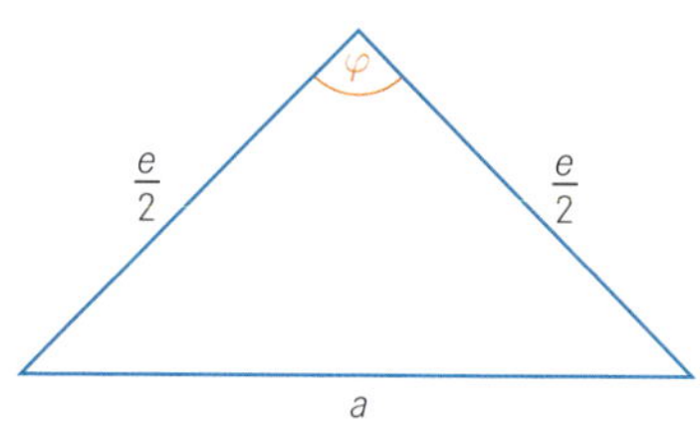

Nach dem Kosinussatz gilt:

$$a^2 = \left(\frac{e}{2}\right)^2 + \left(\frac{e}{2}\right)^2 - 2\left(\frac{e}{2}\right)\left(\frac{e}{2}\right)\cos\varphi \quad \Rightarrow$$

$$a^2 = 2\left(\frac{e}{2}\right)^2 - 2\left(\frac{e}{2}\right)^2\cos\varphi \quad \left(2\left(\frac{e}{2}\right)^2 \text{ ausklammern}\right)$$

$$a^2 = 2\left(\frac{e}{2}\right)^2(1 - \cos\varphi) \quad \Rightarrow \quad a^2 = \frac{e^2}{2}(1 - \cos\varphi) \quad \Rightarrow \quad \left(2\frac{a^2}{e^2}\right) = 1 - \cos\varphi \quad (*).$$

Für die Raumdiagonale e im Würfel gilt außerdem: $e^2 = a^2 + d^2 = a^2 + a^2 + a^2 = 3a^2$.

Wenn du in der Gleichung (*) e^2 durch $3a^2$ ersetzt, erhältst du $\left(\frac{2a^2}{3a^2}\right) = 1 - \cos\varphi$

$$\Rightarrow \quad \frac{2}{3} = 1 - \cos\varphi \quad \Rightarrow \quad \cos\varphi = \frac{1}{3} \quad \Rightarrow \quad \varphi \approx 70{,}53°.$$

6 **Berechne den Winkel, unter dem sich die Diagonalen in folgenden Figuren schneiden.**

a)

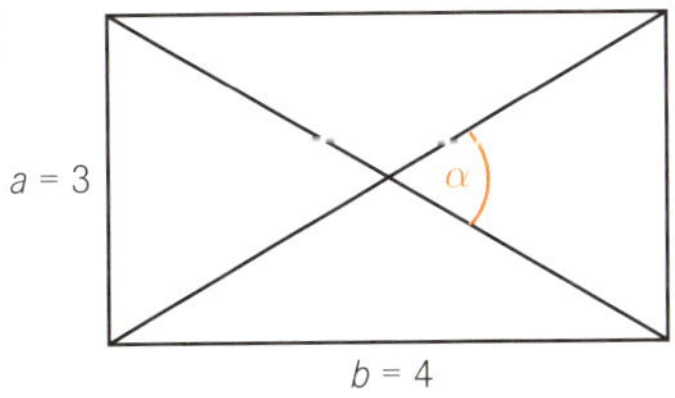

b)

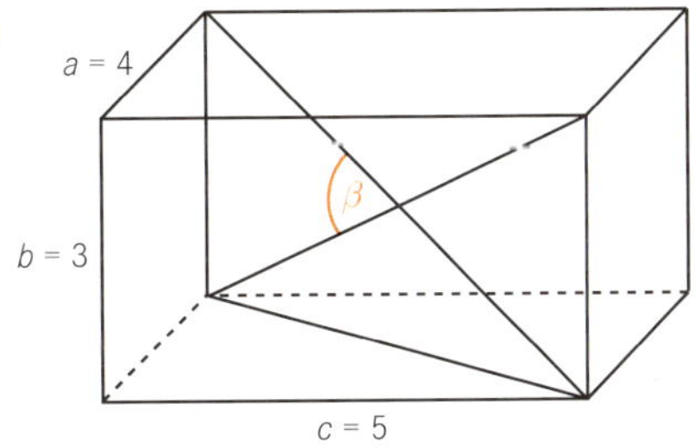

7 **Diagonalen im Parallelogramm**

Unter welchem Winkel φ schneiden sich die Diagonalen e und f, wenn $a = 4\,\text{cm}$, $e = 10\,\text{cm}$, $f = 3\,\text{cm}$?

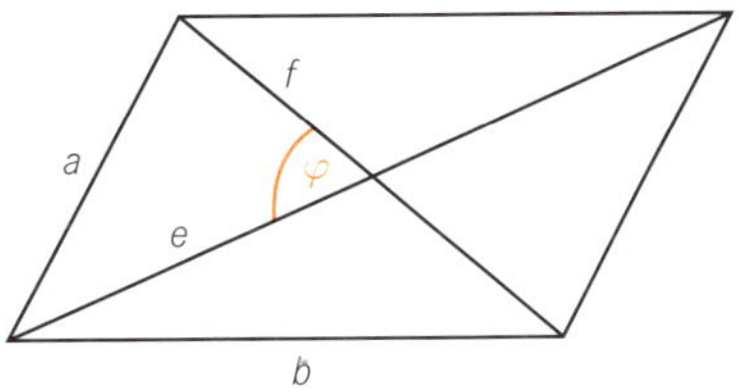

6.3 Trigonometrie in der Physik

Darum geht es

Einige wichtige Anwendungen der Trigonometrie findest du in der Physik. Zwei Beispiele sollen in diesem Abschnitt kurz dargestellt werden.

Kräfte an der schiefen Ebene

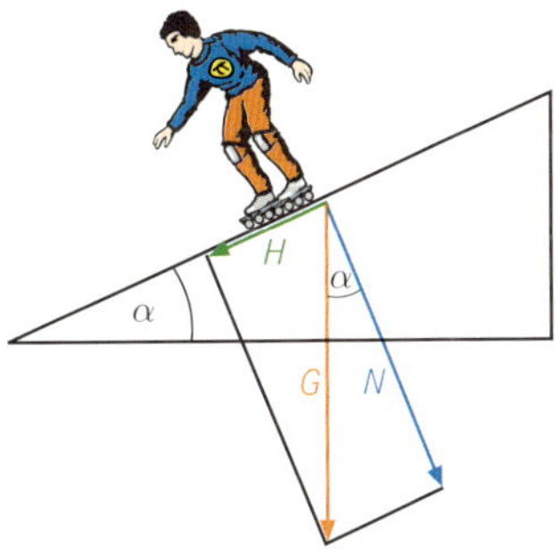

Der kleine Steffen möchte mit seinen Inlineskates auf der Skateboard-Bahn gerne von oben starten und bittet Julia, ihm nach oben zu helfen. Leider ist er zu schwer, sodass Julia ihn nicht senkrecht nach oben heben kann. Aber sie kann ihn entlang der Schrägen nach oben ziehen.

Die Gewichtskraft G, die auf Steffen wirkt, wird an der sogenannten schiefen Ebene – so nennt man in der Physik eine solche Schräge – in zwei Teilkräfte aufgeteilt:

1. die Normalkraft N, die senkrecht auf die Schräge wirkt,
2. die Hangabtriebskraft H, die Julia überwinden muss, um Steffen nach oben zu ziehen.

Du siehst schon an der Zeichnung, dass H viel kleiner ist als G.

Die Kräftepfeile bilden ein Rechteck, in dem der Steigungswinkel α der schiefen Ebene zwischen G und N liegt. In diesem Rechteck entsteht aus den Kräftepfeilen G, H und N ein rechtwinkliges Dreieck. Du kannst folgende Beziehungen zwischen G, H und N erkennen:

$\frac{H}{G} = \sin\alpha$, $\frac{N}{G} = \cos\alpha$, $\frac{H}{N} = \tan\alpha$.

Beispiel: Steffen wiegt 45 kg, d. h., auf ihn wirkt eine Gewichtskraft von etwa 450 N. Die Skateboard-Bahn hat einen Steigungswinkel von 20°.
Welche Kraft muss Julia aufbringen, um Steffen nach oben zu ziehen?
Lösung: Julia muss die Hangabtriebskraft H überwinden, die auf Steffen wirkt:
$H = G \cdot \sin \alpha$.
Einsetzen: $H = 450\,\text{N} \cdot \sin 20° \approx 153{,}9\,\text{N}$
Julia muss eine Kraft von ca. 154 N aufbringen.

1 Berechne die Normalkraft N. Verwende die Werte aus dem Beispiel.

Vektorielle Addition von Kräften

Julia und Kim wollen den kleinen Steffen auf seinem Skateboard über den Platz ziehen. Julia zieht mit etwas größerer Kraft als Kim. Wie groß ist die Kraft, die beide zusammen ausüben?
Kräfte werden in der Physik durch Pfeile dargestellt. Die Kräfte F_1 und F_2 bilden ein Parallelogramm, die „resultierende" Gesamtkraft R ist in diesem „Kräfteparallelogramm" die Diagonale.

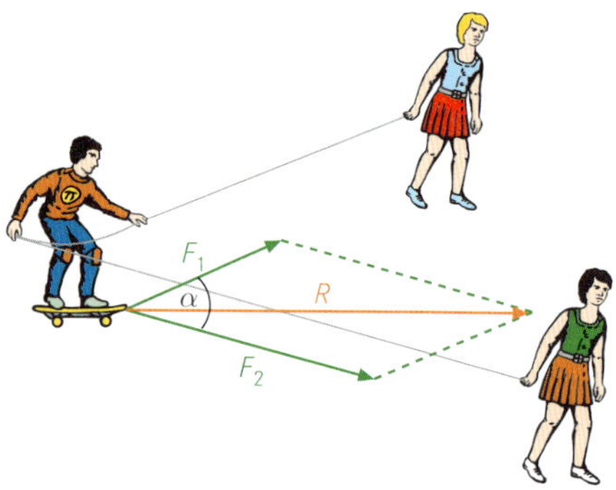

An der Zeichnung kannst du mithilfe des Kosinussatzes erkennen, dass die folgende Beziehung gilt:
$R^2 = F_1{}^2 + F_2{}^2 - 2 \cdot F_1 \cdot F_2 \cdot \cos(180° - \alpha)$.

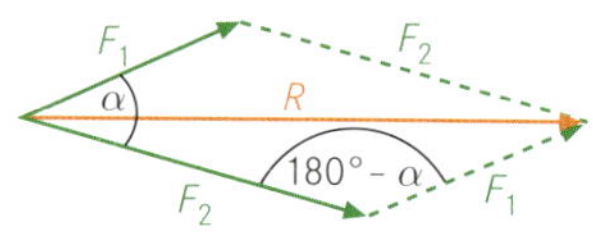

Beispiel: Julia zieht mit einer Kraft von 100 N, Kim mit 80 N, um den kleinen Steffen vorwärts zu bewegen. Die Kräfte schließen einen Winkel von 35° ein.
Berechne die resultierende Gesamtkraft.
Lösung: Einsetzen in $R^2 = F_1{}^2 + F_2{}^2 - 2 \cdot F_1 \cdot F_2 \cdot \cos(180° - \alpha)$ ergibt:
$R^2 = (100\,\text{N})^2 + (80\,\text{N})^2 - 2 \cdot 100\,\text{N} \cdot 80\,\text{N} \cdot \cos(180° - 35°) \approx 29\,506{,}4\,\text{N}^2 \quad \Rightarrow \quad R \approx 171{,}8\,\text{N}$.

2 Berechne die Gesamtkraft.
Julia und Kim ziehen den kleinen Steffen jetzt unter einem Winkel von 40°.

Test Kapitel 6

1 Welche Beziehung zwischen Sinus und Kosinus ist hier dargestellt? |2|

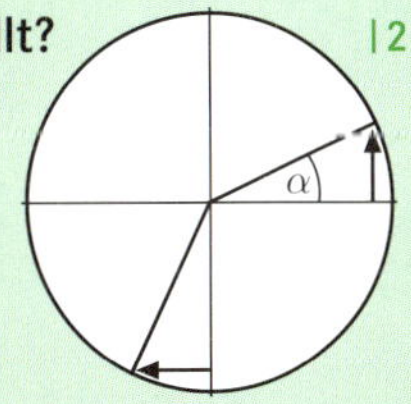

2 Formuliere und berechne für das abgebildete Dreieck: |6|

a) den Sinussatz und den Winkel μ, wenn $k = 8$; $m = 6$; $\beta = 42°$.

b) den Kosinussatz und die Seite x, wenn $z = 5$; $y = 7$; $\varphi = 30°$.

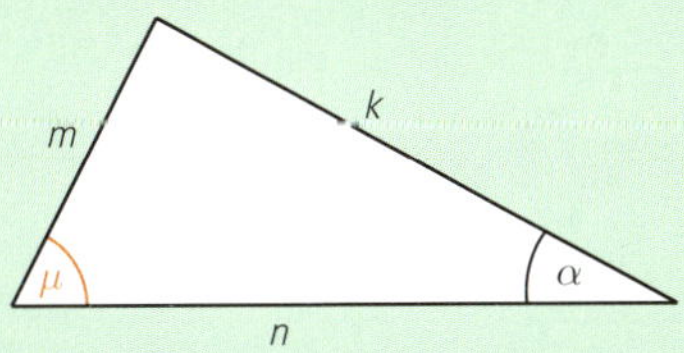

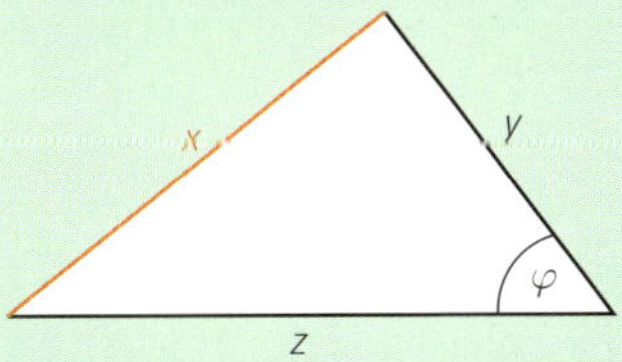

3 Volle Kraft voraus! |3|

Zwei Schlepper ziehen ein Frachtschiff in den Hafen. Die Kräfte, mit denen sie ziehen, betragen 5 000 N = 5 kN und 7 000 N = 7 kN (N = Newton, kN = Kilonewton). Die Kräfte schließen einen Winkel von 50° ein. Berechne die Gesamtkraft, mit der die Schlepper ziehen.

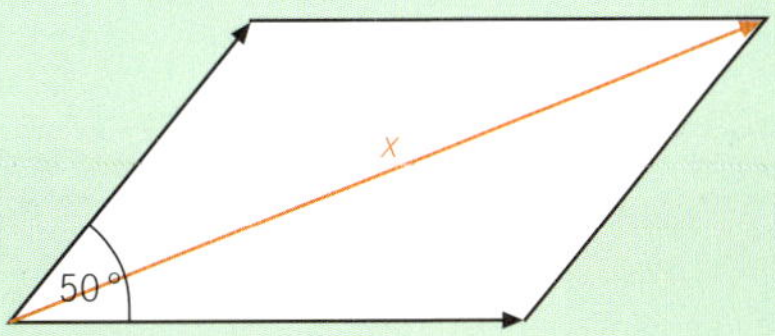

4 Schnittwinkel berechnen

Unter welchem Winkel schneiden sich

a) Raumdiagonale und Flächendiagonale, |3|

b) die beiden Raumdiagonalen? |5|

Benutze ohne Beweis:

Länge der Flächendiagonalen: $e = \sqrt{2} \cdot a$,

Länge der Raumdiagonalen: $d = \sqrt{3} \cdot a$.

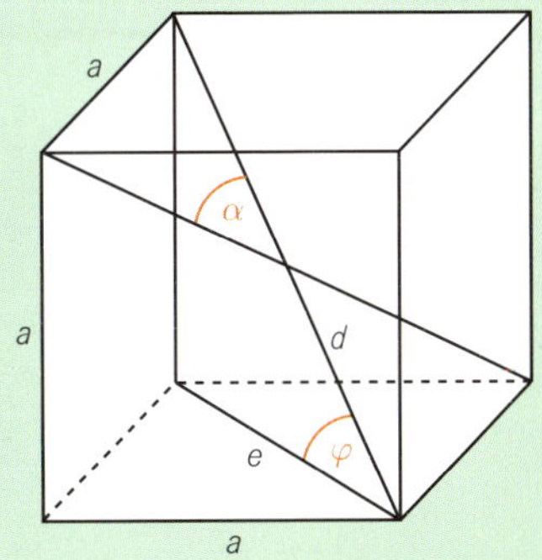

||19||

Wie viele Punkte hast du? Erreichst du mehr als 15 Punkte, beherrschst du den Inhalt des Kapitels wirklich gut. Erreichst du weniger als 8 Punkte, dann solltest du dieses Kapitel wiederholen.

7 WAHRSCHEINLICHKEITSRECHNUNG

Was du schon können musst:

- ▷ einfache Wahrscheinlichkeiten mit der Laplace-Definition berechnen (p = Anzahl der günstigen Ausgänge : Anzahl der möglichen Ausgänge)
- ▷ mehrstufige Zufallsexperimente mit Baumdiagrammen darstellen
- ▷ Wahrscheinlichkeiten bei mehrstufigen Zufallsexperimenten mittels Pfadregel und Additionsregel berechnen

Darum geht es

- ▶ Vierfeldertafeln zur Lösung von Fragestellungen (z. B. Abhängigkeit von zwei Merkmalen, Berechnung von Wahrscheinlichkeiten) heranziehen
- ▶ die Bayes'sche Formel in einfachen Fällen zur Berechnung von Wahrscheinlichkeiten anwenden

7.1 Vierfeldertafeln

Einführung

Vierfeldertafeln sind ein nützliches Werkzeug bei bestimmten Fragestellungen:

Beispiel 1

Von 8 Jungen in einer Klasse haben 3 blonde Haare, 3 der Mädchen sind nicht blond. Insgesamt haben 7 Kinder blonde Haare. Wie viele Kinder hat die Klasse?

In dieser Aufgabe geht es um die Beschreibung einer Klasse mit zwei „Merkmalen": Geschlecht und Haarfarbe. Die Aufgabenstellung löst du am einfachsten, indem du eine **Vierfeldertafel** aufstellst. In diese Tafel trägst du die Angaben aus dem Text ein.

	Jungen	Mädchen	insgesamt
blond	3		7
nicht blond		3	
insgesamt	8		

Dann versuchst du, durch Rechnen innerhalb der Tafel zu weiteren Aussagen bzw. Zahlenwerten zu kommen. Du kannst hier die fehlenden Zahlen in der Tabelle ergänzen:

Die Zahl am Ende einer Spalte oder einer Zeile ist jeweils die Summe der beiden Zahlen in der Spalte oder Zeile innerhalb des dunkelblauen Feldes.

	Jungen	Mädchen	insgesamt
blond	3	4	7
nicht blond	5	3	8
insgesamt	8	7	15

Ergebnis: Es sind 15 Kinder in der Klasse.

Eigenschaften der Vierfeldertafel

Die Summe der Werte aus den vier Feldern ist gleich der Zahl rechts unten.

Die Zahl am Spaltenende ist jeweils die Summe der beiden Zahlen in der Spalte.

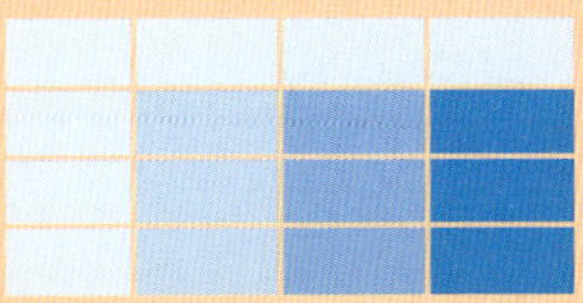

Die Zahl am Zeilenende ist jeweils die Summe der beiden Zahlen in der Zeile.

Beispiel 2

Bei einer Umfrage unter Jugendlichen zum Thema Rauchen war $\frac{1}{3}$ der befragten Jungen. Die Hälfte davon bezeichnete sich als Raucher. Ebenso gab $\frac{1}{8}$ der befragten Mädchen an zu rauchen.
Wie groß war bei der Befragung insgesamt der Anteil der Nichtraucher?

	Jungen	Mädchen	insgesamt
Raucher	$\frac{1}{2}$ von $\frac{1}{3}$	$\frac{1}{8}$ von $\frac{2}{3}$	
Nichtraucher			
insgesamt	$\frac{1}{3}$	$\frac{2}{3}$	1

Dieses Beispiel ist es etwas komplizierter, da du in der Vierfeldertafel Bruchteile berechnen musst.

	Jungen	Mädchen	insgesamt
Raucher	$\frac{1}{2}$ von $\frac{1}{3} = \frac{1}{6}$	$\frac{1}{8}$ von $\frac{2}{3} = \frac{1}{12}$	$\frac{1}{6} + \frac{1}{12} = \frac{1}{4}$
Nichtraucher	$\frac{1}{3} - \frac{1}{6} = \frac{1}{6}$	$\frac{2}{3} - \frac{1}{12} = \frac{7}{12}$	$\frac{1}{6} + \frac{7}{12} = \frac{3}{4}$
insgesamt	$\frac{1}{3}$	$\frac{2}{3}$	1

Ergebnis: Der Anteil der Nichtraucher betrug $\frac{3}{4}$ oder 75 %.

1 Ergänze die Tabelle.

In den Klassen 5 bis 8 aller Schulen einer Stadt sind die Schwimmer und Nichtschwimmer getrennt nach Mädchen und Jungen gezählt worden.

	Schwimmer	Nichtschwimmer	Summe
Mädchen	713		
Jungen		472	
Summe	1 401		2 288

2 Ergänze die Vierfeldertafeln.

a)

	A	nicht *A*	insgesamt
B			9
nicht *B*		8	17
insgesamt	12		

b)

	A	nicht *A*	insgesamt
B	12 %		25 %
nicht *B*			
insgesamt	30 %		100 %

3 Mitglied in einem Sportverein

13 Schüler einer gemischten Klasse sind Jungen. 25 der Schüler sind Mitglied in einem Sportverein, 11 davon sind Jungen. 3 Mädchen sind nicht in einem Sportverein. Wie viele Schüler sind insgesamt in der Klasse? Wie viele Schüler sind nicht Mitglied in einem Sportverein? Stelle eine Vierfeldertafel auf.

4 Die Einwohner von Gelnhausen

In Gelnhausen sind 30 % der Einwohner über 60 Jahre alt, davon sind 40 % Männer. Unter den jüngeren Einwohnern (bis 60 Jahre) beträgt der Anteil der Männer 50 %. Wie hoch ist der Anteil der jüngeren Frauen an der Einwohnerzahl?

Abhängige und unabhängige Merkmale

Beispiel

In der Jahrgangsstufe 10 des Grimmelshausen-Gymnasiums können die Schüler zwischen Kunst und Musik wählen. Die Wahlergebnisse in der Klasse 10A sind hier nach Wahlfach und Geschlecht verteilt notiert.
Die Schulleitung interessiert sich für die Frage, ob das Geschlecht (Junge oder Mädchen) einen Einfluss auf die Wahl des Faches hat.

Klasse 10A

Geschlecht \ Wahlfach	Kunst	Musik	insgesamt
Jungen	3	12	
Mädchen	2	8	
insgesamt			

Berechne hier zunächst die Gesamtzahlen in den Feldern am Ende der Zeile bzw. Spalte der Vierfeldertafel.
Wenn du die Beliebtheit des Faches bei Jungen und Mädchen miteinander vergleichen willst, musst du berücksichtigen, dass nicht gleich viele Jungen und Mädchen in der Klasse sind.
Du kannst zwischen zwei Möglichkeiten wählen:

1. Du betrachtest z. B., wie groß der Anteil der Jungen bzw. Mädchen im Fach Kunst bzw. Musik ist:

$\frac{\text{Jungen/Kunst}}{\text{Künstler insgesamt}} = \frac{3}{5} = 0{,}6$ $\frac{\text{Mädchen/Kunst}}{\text{Künstler insgesamt}} = \frac{2}{5} = 0{,}4$

$\frac{\text{Jungen/Musik}}{\text{Musiker insgesamt}} = \frac{12}{20} = 0{,}6$ $\frac{\text{Mädchen/Musik}}{\text{Musiker insgesamt}} = \frac{8}{20} = 0{,}4$

2. Du betrachtest, wie groß der Anteil der „Künstler“ bzw. „Musiker“ bei den Jungen bzw. Mädchen ist:

$\frac{\text{Kunst/Jungen}}{\text{Jungen insgesamt}} = \frac{3}{15} = 0{,}2$ $\frac{\text{Kunst/Mädchen}}{\text{Mädchen insgesamt}} = \frac{2}{10} = 0{,}2$

$\frac{\text{Musik/Jungen}}{\text{Jungen insgesamt}} = \frac{12}{15} = 0{,}8$ $\frac{\text{Musik/Mädchen}}{\text{Mädchen insgesamt}} = \frac{8}{10} = 0{,}8$

Aus 2. siehst du beispielsweise, dass 20 % der Jungen und auch 20 % der Mädchen Kunst gewählt haben.

Aus 1. siehst du, dass sich sowohl der Kunst- als auch der Musikkurs zu 60 % aus Jungen zusammensetzt.

Demnach ist die Wahl des musischen Faches in dieser Klasse unabhängig vom Geschlecht.

5 **Eine Frage des Geschlechts?**

Untersuche, ob in der Klasse 10B der Grimmelshausenschule die Wahl des musischen Neigungsfaches vom Geschlecht unabhängig ist.

Geschlecht \ Wahlfach	Kunst	Musik	insgesamt
Jungen	2	6	
Mädchen	10	2	
insgesamt			

6 **Rot-Grün-Blindheit**

Bei einer Untersuchung der Abhängigkeit zwischen Geschlecht und Rot-Grün-Blindheit erhielt man folgende Ergebnisse:

	rot-grün-blind	nicht rot-grün-blind	Summe
weiblich	21	4 839	4 860
männlich	187	4 953	5 140
Summe	208	9 792	10 000

Hat das Geschlecht einen Einfluss auf das Auftreten von Rot-Grün-Blindheit?

7 Die Umfrage

Eine Frauenzeitschrift machte eine Umfrage unter 250 Frauen. 65 Frauen waren über 40 Jahre alt. Insgesamt gaben 200 Frauen an, die Zeitschrift zu lesen. Unter den Leserinnen waren 32 Frauen über 40 Jahre alt.

a) Wie groß war der Anteil der Leserinnen unter den über 40-Jährigen?
b) Wie groß war der Anteil unter den jüngeren Befragten (bis 40 Jahre)?
c) Welche Tendenz über das Alter der Leserinnen lässt sich erkennen?

Berechnung von Wahrscheinlichkeiten mit Vierfeldertafeln

Beispiel 1

In der Klasse 10A haben sich Schülerinnen und Schüler entsprechend ihren musischen Neigungen zu Beginn des Schuljahres für Kunst oder Musik entschieden. Von den 15 Jungen haben 12 Musik gewählt, von den 10 Mädchen sind 2 im Kunstkurs. Nun soll der Klassensprecher gewählt werden. Wie groß ist die Wahrscheinlichkeit, dass ...

a) ... ein Mädchen Klassensprecherin wird, das Musik gewählt hat?
b) ... jemand Klassensprecher wird, der Kunst gewählt hat?

Geschlecht \ Wahlfach	Kunst	Musik	insgesamt
Jungen		12	15
Mädchen	2		10
insgesamt			

Zu a) Du wendest die Definition der Wahrscheinlichkeit an:

$p = \frac{\text{Anzahl der günstigen Ausgänge}}{\text{Anzahl der möglichen Ausgänge}}$.

Geschlecht \ Wahlfach	Kunst	Musik	insgesamt
Jungen	3	12	15
Mädchen	2	8	10
insgesamt	5	20	25

$p = \frac{8}{25} = 0{,}32 = 32\,\%$

Die Wahrscheinlichkeit dafür, dass ein Mädchen aus dem Musikkurs gewählt wird, beträgt 32 %.

Zu b)

Geschlecht \ Wahlfach	Kunst	Musik	insgesamt
Jungen	3	12	15
Mädchen	2	8	10
insgesamt	5	20	25

$P = \frac{5}{25} = 0{,}2 = 20\,\%$

Die Wahrscheinlichkeit dafür, dass der Kurssprecher jemand aus dem Kunstkurs ist, beträgt 20 %.

Beispiel 2

In einer Stadt sind 20 % der Bevölkerung an Telefonitis erkrankt. Telefonitis kann mit einem Test diagnostiziert werden. Von dem Test weiß man, dass er nicht ganz sicher ist. Es können zwei Fehler auftreten:
Bei 96 % der Erkrankten fällt der Test positiv aus; beim Rest wird die Krankheit nicht erkannt.
Bei 94 % der Gesunden fällt der Test negativ aus; beim Rest wird fälschlicherweise Telefonitis festgestellt.
Wie groß ist die Wahrscheinlichkeit dafür, dass

a) eine willkürlich ausgewählte Person an Telefonitis erkrankt ist, dies aber nicht erkannt wird?
b) eine Person, bei der der Test positiv ausgefallen ist, wirklich an Telefonitis erkrankt ist?
c) eine Person, bei der der Test negativ ausgefallen ist, wirklich gesund ist?

Um diese Fragen zu beantworten, notierst bzw. berechnest du in den einzelnen Feldern der Tafel zunächst jeweils den Anteil an der Gesamtbevölkerung, z. B.:
96 % der Erkrankten 20 % (der Bevölkerung) = $0{,}96 \cdot 0{,}2 = 0{,}192$ wird positiv getestet.
p (positiv und krank) = 0,192: Das ist die Wahrscheinlichkeit, dass eine zufällig herausgegriffene Person an Telefonitis erkrankt ist und auch positiv getestet wird.

	krank	gesund	insgesamt
positiv	$0{,}96 \cdot 0{,}2 = 0{,}192$	$0{,}8 - 0{,}725 = 0{,}048$	0,24
negativ	$0{,}2 - 0{,}192 = 0{,}008$	$0{,}94 \cdot 0{,}8 = 0{,}752$	0,76
insgesamt	20 % = 0,2	80 % = 0,8	1

	krank	gesund	insgesamt
positiv	0,192	0,048	0,24
negativ	0,008	0,752	0,76
insgesamt	0,2	0,8	1

Zu a) Dieses Ergebnis ist direkt aus der Tafel abzulesen: $p = 0{,}008$, d. h., die Wahrscheinlichkeit dafür, dass eine willkürlich ausgewählte Person an Telefonitis erkrankt ist und dies nicht erkannt wird, beträgt 0,8 %.

Zu b) Du wendest sinngemäß die Definition der Wahrscheinlichkeit an:

$$p = \frac{\text{Anteil der günstigen Ausgänge}}{\text{Anteil der möglichen Ausgänge}} = \frac{0{,}192}{0{,}24} = 0{,}8.$$

Die Wahrscheinlichkeit, dass eine positiv getestete Person tatsächlich krank ist, beträgt 80 %.

Zu c) Die Wahrscheinlichkeit, dass eine negativ getestete Person tatsächlich gesund ist, beträgt $p = \frac{0{,}752}{0{,}76} = 0{,}9895 = 99\,\%$.

7.2 Drei Formeln zur Wahrscheinlichkeit/Der Satz von Bayes

Darum geht es

Anhand eines einfachen Beispiels sollen hier drei Formeln zur Berechnung von Wahrscheinlichkeiten vorgestellt werden. Zwei davon kennst du vielleicht schon unter dem Namen „Pfadregel“ und „Pfadsummenregel“.

Beispiel

In einer Urne befinden sich zwei schwarze und zwei weiße Kugeln. Nacheinander werden blind zwei Kugeln *ohne Zurücklegen* gezogen.

1. Frage: Wie groß ist die Wahrscheinlichkeit, dass die *erste* Kugel *und* auch die *zweite* Kugel weiß ist?

Info Wir bezeichnen die möglichen Ereignisse mithilfe der Buchstaben A und B, ihre Gegenereignisse mit $\overline{A}$ und $\overline{B}$.

A: Die erste Kugel ist weiß. $\overline{A}$: Die erste Kugel ist nicht weiß (also schwarz).

B: Die zweite Kugel ist weiß. $\overline{B}$: Die zweite Kugel ist nicht weiß (also schwarz).

$A \cap B$: Die erste Kugel ist weiß und auch die zweite Kugel ist weiß.

Beachte Das Ergebnis der ersten Ziehung hat bei diesem Spiel einen Einfluss auf die Wahrscheinlichkeiten bei der zweiten Ziehung: Wenn z. B. bei der ersten Ziehung eine weiße Kugel gezogen wird, dann ist die Wahrscheinlichkeit für „weiß“ bei der zweiten Ziehung kleiner, da nur noch eine weiße, aber zwei schwarze Kugeln in der Urne liegen.

Für diese Wahrscheinlichkeit schreiben wir $p_A(B)$; hier gilt also $p_A(B) = \frac{1}{3}$.

Info

$p_A(B)$ ist allgemein die Wahrscheinlichkeit, dass B eintritt unter der Voraussetzung, dass vorher schon A eingetreten ist.

Die Wahrscheinlichkeiten bei diesem Zufallsexperiment kannst du in einem Baumdiagramm darstellen:

1. Ziehung   2. Ziehung

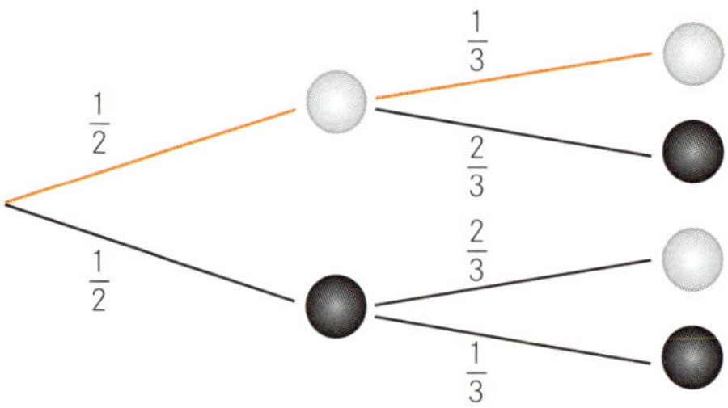

Allgemein:
1. Ziehung   2. Ziehung

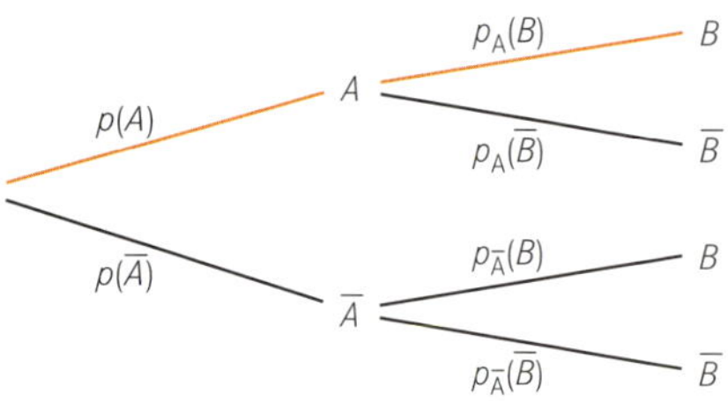

Die Wahrscheinlichkeit dafür, dass die erste Kugel weiß und auch die zweite Kugel weiß ist, berechnest du nach der Pfadregel: $p = \frac{1}{2} \cdot \frac{1}{3} = \frac{1}{6}$.

Pfadregel/Allgemeiner Multiplikationssatz

$p(A \cap B) = p(A) \cdot p_A(B)$

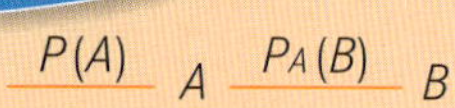

Pfadwahrscheinlichkeit = Produkt der Einzelwahrscheinlichkeiten längs des Pfades

2. Frage: Wie groß ist die Wahrscheinlichkeit, dass die *zweite* gezogene Kugel weiß ist?
Da hier die Farbe der ersten Kugel gleichgültig ist, gehören zwei Pfade im Baumdiagramm zu diesem Ereignis.

1. Ziehung 2. Ziehung

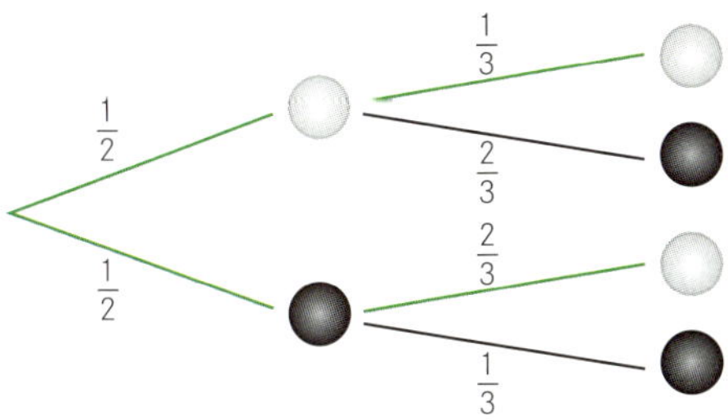

Allgemein:
1. Ziehung 2. Ziehung

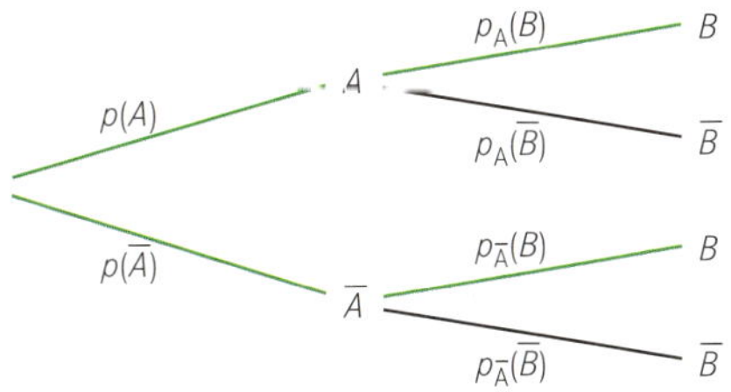

Für die Wahrscheinlichkeit, dass die zweite gezogene Kugel weiß ist, erhältst du:
$p(B) = \frac{1}{2} \cdot \frac{1}{3} + \frac{1}{2} \cdot \frac{2}{3} = \frac{1}{2}$.

Pfadsummenregel/totale Wahrscheinlichkeit von *B*

$p(B) = p(A) \cdot p_A(B) + p(\overline{A}) \cdot p_{\overline{A}}(B)$
Wahrscheinlichkeit von B = Summe der zugehörigen Pfadwahrscheinlichkeiten

3. Frage: Die erste Kugel wird *verdeckt gezogen,* ohne dass man ihre Farbe sehen kann. Die zweite Kugel ist weiß. Wie groß ist die Wahrscheinlichkeit, dass unter dieser Voraussetzung die erste gezogene Kugel weiß war?

1. Ziehung 2. Ziehung

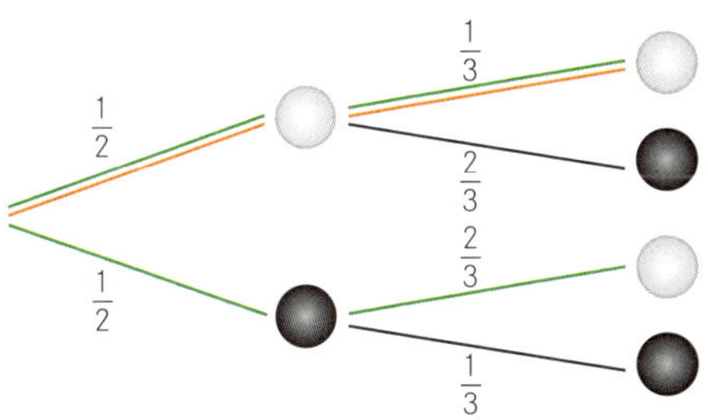

Allgemein:
1. Ziehung 2. Ziehung

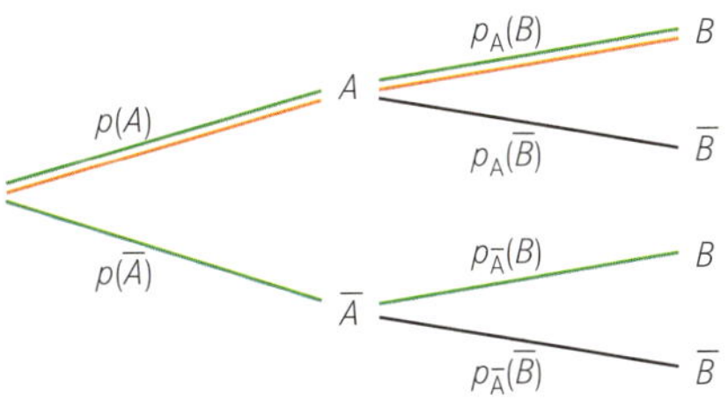

Der orange markierte Pfad im Baumdiagramm stellt hier den günstigen Fall dar, dass also sowohl die zweite als auch die erste Kugel weiß ist.
Die grün markierten Pfade stellen die möglichen Fälle dar, die eintreten können, damit die zweite Kugel weiß ist.
Die gesuchte Wahrscheinlichkeit berechnest du mit der Formel:

$$p = \frac{\text{Anteil der günstigen Fälle}}{\text{Anteil der möglichen Fälle}}, \text{ also } p = \frac{\frac{1}{2} \cdot \frac{1}{3}}{\frac{1}{2} \cdot \frac{1}{3} + \frac{1}{2} \cdot \frac{2}{3}} = \frac{1}{3}.$$

Der Satz von Bayes

$$p_B(A) = \frac{p(A) \cdot p_A(B)}{p(A) \cdot p_A(B) + p(\overline{A}) \cdot p_{\overline{A}}(B)}$$

Bemerkung Den berechneten Wert $\frac{1}{3}$ für die gesuchte Wahrscheinlichkeit kannst du hier gut nachvollziehen:
Wenn die zweite Kugel sicher weiß ist, dann bleiben „rückwirkend" nach der ersten Ziehung zwei schwarze und eine weiße Kugel in der Urne, d. h., die Wahrscheinlichkeit für „weiß" beträgt bei der ersten Ziehung dann $\frac{1}{3}$.

Weitere Beispiele zum Satz von Bayes

Beispiel 1

In einem Werk werden Fernsehgeräte vor der Auslieferung von den Kontrolleuren Herrn Gründlich und Herrn Schlampig geprüft. Die Wahrscheinlichkeit, vorhandene Mängel zu entdecken, beträgt bei Herrn Gründlich 0,7, bei Herrn Schlampig 0,2. Herr Gründlich prüft 60 % der Geräte, Herr Schlampig den Rest.
Ein defektes Gerät hat unbemerkt die Kontrolle passiert. Zeige, dass die Wahrscheinlichkeit dafür, dass es von Herrn Gründlich geprüft wurde, 36 % beträgt.

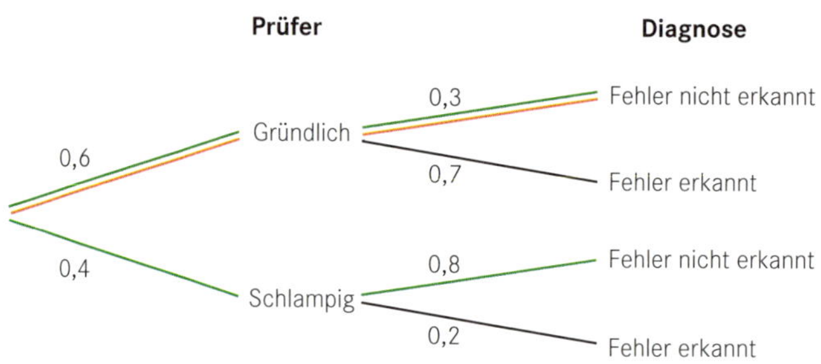

Anleitung: Betrachte nur die *defekten* Geräte.
60 % der defekten Geräte landen bei Herrn Gründlich; 30 % davon entdeckt er nicht.

Beispiel 2

In der Bevölkerung Gelnhausens leiden 0,1 % aller Personen unter Computeritis. Ein Test zur Erkennung der Computeritis zeigt in 95% aller Fälle die Erkrankung an. Bei Gesunden zeigt der Test allerdings in 4% aller Fälle *irrtümlich* eine Erkrankung an. Mit welcher Wahrscheinlichkeit hat eine Person, die *positiv getestet* ist, *tatsächlich Computeritis?*

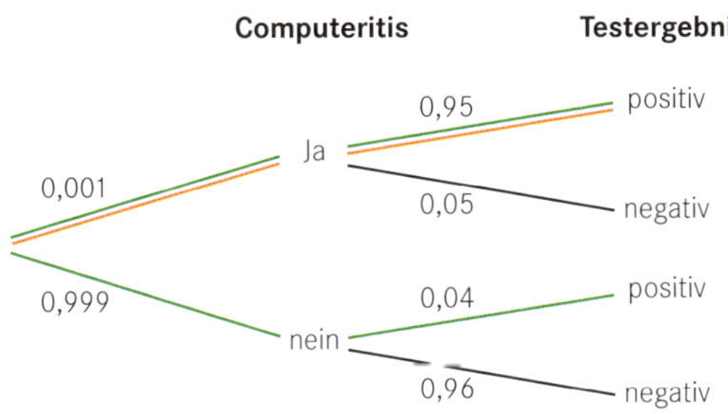

0,1 % leiden an Computeritis, 95 % davon werden erkannt.
Rechne nach:
Die Wahrscheinlichkeit beträgt etwa 0,023. Erstaunlicherweise leidet also nur ein kleiner Bruchteil, nämlich 2,3 % der positiv getesteten Gelnhäuser, tatsächlich unter Computeritis.

1 Der TBC-Test

Bei einem TBC-Test reagieren 99 % aller Erkrankten positiv, aber auch 3 % aller Nichterkrankten. Erfahrungsgemäß haben zurzeit 0,01 % aller Bundesbürger diese Krankheit. Wie viel Prozent der Personen, die beim Test positiv reagieren, sind tatsächlich erkrankt?

2 Die Losverkäufer

Losverkäufer A hat unter seinen Losen 10 % Gewinnlose, Losverkäufer B nur 5 %, Losverkäufer C sogar nur 1 %. Christopher findet ein Los auf der Straße, öffnet es und hat eine Niete. Wie groß ist die Wahrscheinlichkeit, dass das Los von Losverkäufer A (B oder C) stammt?

Test Kapitel 7

1 Ergänze die Vierfeldertafeln.

a) |3|

	blond	nicht blond	Summe
Junge	0,32		0,4
Mädchen			
Summe	0,8		1

b) |3|

	Junge	Mädchen	Summe
Schwimmer			
Nichtschwimmer	$\frac{1}{4}$		$\frac{3}{8}$
Summe		$\frac{5}{8}$	1

2 Die musikalischen Schülerinnen |5|

In Julias Klasse erlernen 7 Mädchen kein Musikinstrument. Für 8 der 13 Jungen trifft das Gleiche zu. Insgesamt erlernen aber immerhin 14 Schülerinnen und Schüler ein Instrument. Wie viele Mädchen sind darunter? Wie groß ist die Klasse?

3 Die Bürgermeisterwahl |5|

$\frac{2}{5}$ der Wahlberechtigten in Neustadt sind weiblich. Bei der Bürgermeisterwahl haben $\frac{2}{3}$ der männlichen Wahlberechtigten den Kandidaten Ortwin Fischer gewählt, sein Gegenkandidat Karl Töpfer erhielt $\frac{1}{4}$ aller weiblichen Stimmen. Wie groß ist der Anteil an allen Stimmen, den Ortwin Fischer von den weiblichen Wahlberechtigten bekommen hat? Wie war der Wahlausgang?

4 Das Rauchverhalten von Männern und Frauen |5|

Ein Fragebogen enthält die Zeilen männlich ( ) weiblich ( )
Raucher ( ) Nichtraucher ( ).

Von 200 befragten Personen sind 90 männlich. 80 sind Raucher; darunter sind 36 Männer. Ist aus der Umfrage zu schließen, dass Geschlecht und Rauchverhalten der befragten Personen unabhängig voneinander sind?

5 Die Urnenziehung |6|

Urne U_1 enthält 8 weiße und 2 rote Kugeln, Urne U_2 enthält 5 weiße und 5 rote Kugeln und Urne U_3 enthält 3 weiße und 7 rote Kugeln.
Eine der drei Urnen wird zufällig ausgewählt und aus ihr blind eine Kugel gezogen.
Wie groß ist die Wahrscheinlichkeit, dass

a) diese Kugel weiß ist;
b) die gezogene Kugel aus der Urne U_1 stammt, wenn sie weiß ist?

6 Krank oder gesund? |6|

In einer Stadt haben sich 5 % der Bewohner mit Televisionitis angesteckt. Von einem Televisionitis-Test weiß man, dass er nicht ganz sicher ist: Bei 3 % der Erkrankten wird die Krankheit nicht erkannt, bei 7 % der Gesunden wird fälschlicherweise Televisionitis diagnostiziert.
Wie groß ist die Wahrscheinlichkeit, dass

a) eine positiv getestete Person wirklich an Televisionitis erkrankt ist;
b) eine negativ getestete Person wirklich gesund ist?

||33||

Wie viele Punkte hast du? Erreichst du mehr als 26 Punkte, beherrschst du den Inhalt des Kapitels wirklich gut. Erreichst du weniger als 14 Punkte, dann solltest du dieses Kapitel wiederholen.

VERZEICHNIS DER ZEICHEN UND ABKÜRZUNGEN

Bezeichnung in diesem Buch	Bedeutung	Abweichende Bezeichnung in anderen Büchern
{ }	Leere Menge	Ø
A	Flächeninhalt	
$\overline{A}$	Gegenereignis zu A	
$A(0\|5)$	Punkt im Koordinatensystem	$A(0; 5)$
A, B	Ereignisse	
A, B, C, D	Punkte	
$A \cap B$	Schnittmenge der Mengen A und B	
A_{D}	Dreiecksfläche	
A_{α}	Sektorfläche	
b_{α}	Bogenlänge	
d	Kreisdurchmesser, Raumdiagonale	D
e	Flächendiagonale	f
G	Grundfläche	
h	Körperhöhe	H
h_{D}	Höhe im Dreieck	h, h_a, h_b, h_c
L	Lösungsmenge	
M	Mantelfläche	
$\mathbb{N}_0$	Menge der natürlichen Zahlen mit der Null	
O	Oberfläche	
p, $p(\text{A})$	Wahrscheinlichkeit bei einem Laplace-Experiment	
$p_{\text{A}}(B)$	Bedingte Wahrscheinlichkeit	$p(B\|A)$
$\mathbb{R}$	Menge der reellen Zahlen	
r, R	Radius	
U	Umfang	u
v	Geschwindigkeit	
$\mathbb{Z}$	Menge der ganzen Zahlen	